U0249857

建筑设计防火规范

速查手册

—袁 牧 编著—

中国建筑工业出版社

图书在版编目（CIP）数据

建筑设计防火规范速查手册 / 袁牧编著. —北京：中国建筑工业出版社，2022.3

ISBN 978-7-112-27106-1

Ⅰ.①建… Ⅱ.①袁… Ⅲ.①建筑设计—防火—建筑规范—中国—手册 Ⅳ.①TU892-62

中国版本图书馆CIP数据核字（2022）第028398号

责任编辑：刘　静
书籍设计：锋尚设计
责任校对：张　颖

建筑设计防火规范速查手册
袁　牧　编著

*

中国建筑工业出版社出版、发行（北京海淀三里河路9号）
各地新华书店、建筑书店经销
北京锋尚制版有限公司制版
北京富诚彩色印刷有限公司印刷

*

开本：787毫米×960毫米　横1/16　印张：9½　字数：158千字
2022年3月第一版　2022年3月第一次印刷

定价：**59.00**元

ISBN 978-7-112-27106-1
（38680）

前言

对建筑师来说，《建筑设计防火规范》GB 50016无疑是建筑设计工作中最重要、最复杂的建筑规范，是建筑师（包括以方案设计为主的建筑师）必须掌握和遵守的国家法规文件，这也是保障人民生命财产安全的基本要求。

但从规范文本的具体内容和从事实际建筑设计工作的实践经验来看，由于规范编制工作天然的复杂性和重大责任，规范原文中所体现出的防火设计的内在逻辑、内容组织结构和文本语言方式风格，其重点并不在于便捷易用，而在于法规的安全可靠、严密周详。因此，规范原文不是非常适合普通建筑师按照日常工作的建筑设计逻辑和设计流程进行使用，在建筑设计图纸的校对审核时也有不便之处。

因此，笔者根据自己多年建筑设计工作的经验，在详细分析、研究规范内在逻辑和主要目标的基础上，对规范的文本内容（包括条文说明）进行整理、提炼和重组，将其中与建筑设计关系密切的部分，尽可能系统化、明晰高效地整理成一套速查表格，以方便建筑师日常使用查阅。

按照建筑设计工作逻辑组织的这套表格，能够更加方便快捷地辅助建筑师进行建筑设计，有利于初学者对规范的理解掌握，提升学习规范的效率，有利于建筑设计机构对设计成果的规范审查和质量控制。

建筑设计防火规范从来不是建筑设计的主体，而是最基本的法规和基础。但近年来建筑学教育和建筑方案设计领域与真实的建筑设计建造，尤其是施工图设计严重割裂，其中割裂的焦点就包括防火规范。

从笔者的亲身经验来看，一方面，方案设计师轻视甚至厌恶防火规范，视为畏途；另一方面，施工图设计师困扰于防火规范的繁杂易错，但责任沉重，不得不将其作为自身专业优势和话语权的重要支撑。两个阶段、两个建筑师群体的割裂，造成整个设计流程效率低下、矛盾重重，变成双输的局面。除了设计人员，投资方、建设方、政府审批监管部门、消防执行部门也同样既依赖防火规范的保障，又受到规范对建筑成本、效率的影响。

本书通过对防火规范的提炼整理，希望尽可能改善规范被各方从业者学习、理解、执行的效率和准确度。考虑到防火规范对建筑设计尤其施工图设计的重要性，虽然并不能也不应该降低规范的实质性要求，但清晰而便于查阅的表格，可以大幅度降低建筑设计从业者的时间成本。一定程度上，也能提升建筑工程各方责任主体的沟通效率，降低不必要的建造成本，也有利于更好地避免建筑防火方面的失误违规，减少火灾风险。

这样也能够增进整个设计和建造过程的总体收益，实现多方的共赢，这也是笔者编写本书的初衷。

1. 本书对于规范原文的取舍

规范原文分作12章和3个附录，主要规定了厂房、仓库、民用建筑、液体或气体储罐区、材料堆场、木结构建筑、城市交通隧道等7个类型，涵盖建筑、结构、暖通、给水排水、电气等5个专业。但由于本书主要面向以民用建筑设计为主的建筑师，因而主要选择其中民用建筑的部分进行整理。

对于储罐区、堆场和隧道，通常由专业设计机构进行设计，故本书予以排除。厂房和仓库虽然本身建设量较大，建筑师也会有涉及，但多数情况下仍属于重点从事厂房仓库设计的设计机构的业务范围，而且厂房仓库防火情况复杂、危险性大，不宜简化纳入表格中，因而本书也予以排除。设

本汇总表的主要内容

规范内容	本手册包括的内容	本手册不包括的内容
规范涵盖的7个类型	3 民用建筑	1 厂房
		2 仓库
		4 甲、乙、丙类液体和可燃、助燃气体储罐（区）
		5 可燃材料堆场
		6 木结构建筑
		7 城市交通隧道
《建筑设计防火规范》共分12章和3个附录	高层公共建筑的分类要求	生产和储存的火灾危险性分类
	住宅建筑和公共建筑等民用建筑的建筑耐火等级分级及其建筑构件的耐火极限	甲乙丙类液体、气体储罐（区）和可燃材料堆场的防火间距、成组布置和储量的基本要求
	为满足灭火救援要求设置的救援场地、消防车道、消防电梯等设施的基本要求	工业建筑防爆的基本措施与要求
	平面布置防火分区与防火分隔	木结构建筑和城市交通隧道工程防火设计的基本要求
	建筑防火构造、防火间距和消防设施设置的基本要求	应急照明和疏散指示标志
	民用建筑的疏散距离、疏散宽度、疏散楼梯设置形式	建筑供暖、通风、空气调节和电气等方面的防火要求
	安全出口和疏散门设置的基本要求	消防用电设备的电源与配电线路等基本要求
其他内容	《建筑防烟排烟系统技术标准》GB 51251中对建筑设计影响较大的部分	100m以上的超高层建筑

计这些类型建筑的建筑师是非常专业的人员，可以自行制作相应的专业手册或表格，因此本书不再专门进行整理。

木结构建筑近年来逐步增加，但总量仍然非常小；超高层建筑本来总量就小，近年来又受到政策限制。这两类建筑都有总量小、技术专业性强、相关从业建筑师少、火灾风险大的特点，因而也并不适合整合到本表中去。其规范整理的相关工作还需要专业人员去完成。

本书主要集中在建筑专业，因而结构、水、电、暖的大部分也没有收入，只是将暖通专业防烟排烟条文中对建筑设计影响较大的部分进行了整理。另外针对自动报警、自动灭火、消火栓等系统性较强、对建筑设计也有所影响的机电设备部分的有关条文进行了整理，纳入表格中，使建筑师对防火机电设备体系有必要的了解，方便与相关专业配合设计。

2. 本书涉及的其他规范

本书主要内容虽然集中在《建筑设计防火规范》GB 50016—2014（2018年版）（表格中简称“建”），但由于建筑设计的相关防火规定还分布在其他专项建筑防火规范和各建筑功能类型的专门规范中，因而笔者适当增补了这些规范中较重要（主要是强制性条文）、通用性较强且与建筑设计关系较密切的部分条款到本书表格中，以提升其完整性和实用性。但进行这些具体建筑类型的建筑设计时，仍需参照其对应的专项防火规范和专门规范，不能以本表格替代。

（1）常用的专项防火规范

❶《建筑内部装修设计防火规范》GB 50222

建筑装修设计涉及的建筑工程数量最大，也非常重要，但除装修材料的燃烧等级外，其规范条文在建筑主体设计层面影响不大，因而没有加入表格中。如果进行具体的室内装修设计则需要认真阅读执行。

❷《汽车库、修车库、停车场设计防火规范》GB 50067（表格中简称“汽”）

地下车库和停车场也涉及大部分建筑工程设计，而且汽车库的火灾风险高于一般民用建筑，尤其是电动汽车的普及更加剧了这种风险，因此有关部门制定了专门的防火规范。停车设计对建筑主体空间设计影响非常大，建筑师必须掌握。另外，由于此规范有较强的独立性和专业性，部分条文不但重要，而且在《建筑设计防火规范》中没有体现，因而笔者将部分条款整合到表格中。其他单独针对停车设计的条文则需要在具体设计中专门查阅此规范以确保安全。

❸《人民防空工程设计防火规范》GB 50098（表格中简称“防”）

人防工程是高度专业化的领域，也经常由专业设计机构承担设计，其条文针对性很强，虽有部分内容涉及民用功能，但与建筑防火规范基本保持一致，非专业人防设计的建筑师通常只需要了解其概要和对建筑设计的影响即可。因此笔者也没有将其条文进行整合。如进行专门的人防设计或与人防设计配合，可专门查阅此规范。

❹《建筑防烟排烟系统技术标准》GB 51251（表格中简称“烟”）

防烟排烟设计的主体属于暖通专业，但其条文对建筑设计有较明显的影响，而且在图纸审查中，不管是防烟排烟专项标准还是建筑防火规范中的防烟排烟规定（两者原则一致但内容并不完全重复），违反强制性条文的情况都比较多，违规风险和影响较大，因而笔者将其中较重要的条文补充到表格中，以便建筑师在设计中避免违规，并能更高效地与暖通设计进行配合。同时，笔者也建议建筑师通读、熟悉防排烟标准的主要内容，并在进行相关设计时仔细参照。

❺《农村防火规范 》GB 50039（表格中简称“村”）

农村防火规范的内容并不多，但随着乡村振兴战略的推进，越来越多的城市建筑师开始涉足乡村。其规范内容一部分与建筑防火规范一致，也有一部分是针对乡村建设的具体情况而制定的，与城市建筑差别较大。因而笔者将其部分条文整合进表格，便于建立对乡村建筑防火设计的基本认知。但如进行专门的乡村建筑设计，则还需认真参照此规范。

（2）本书选取的建筑类型专项规范

- 《住宅建筑规范》GB 50368—2005
- 《宿舍建筑设计规范》JGJ 36—2016
- 《旅馆建筑设计规范》JGJ 62—2014
- 《饮食建筑设计标准》JGJ 64—2017
- 《商店建筑设计规范》JGJ 48—2014
- 《办公建筑设计标准》JGJ/T 67—2019
- 《老年人照料设施建筑设计标准》JGJ 450—2018（表格中简称“老”）
- 《中小学校设计规范》GB 50099—2011
- 《展览建筑设计规范》JGJ 218--2010
- 《博物馆建筑设计规范》JGJ 66—2015
- 《电影院建筑设计规范》JGJ 58—2008
- 《剧场建筑设计规范》JGJ 57—2016
- 《体育建筑设计规范》JGJ 31—2003（表格中简称“体”）

本书根据《建筑设计防火规范》的内容范围和建筑设计工作的常见领域，选择了这些经常遇到的建筑类型的专项规范进行了整理。

这些规范大部分有专门的防火和疏散专篇，多数是依据《建筑设计防火规范》的条文进行引用复述或细化的，因而掌握并不困难，也容易与防火规范整合。其中以建筑防火分类和耐火等级、疏散人数计算的内容为多，笔者将其整合进表格中，方便读者了解概要和在前期设计阶段查阅。但如进行某类型建筑的深化设计，还需要建筑师对其专项规范进行系统深入的阅读和执行。

此外，规范中还有一些存在歧义或不易理解的部分，文中将其单独提出，并根据笔者个人的理解作了分析并提出建议，但这并非权威解释，在实际工程中如何执行还需要读者根据自己对规范的理解决定。这些问题笔者也会在未来的版本中予以汇总并向有关专家请教，逐步解决。随着各规范未来新版本的发布，本书也会进行相应的更新。

因为笔者能力所限，防火规范及其他相关规范也非常复杂，本书难免会有错漏不足之处，希望读者们提出宝贵意见，帮助我们持续改进工作。

表格初稿制作人员

总 负 责： 袁　牧

总 平 面： 潘　漾

平　　面： 杨　硕

详细平面： 潘　静

特殊类型： 张雨川　范牧易　孙祯华

防火构造： 杨金戈　余东亚

规范附录： 费　璇

内容校核： 杨　硕　余东亚

手册使用说明

1. 本手册不可替代规范原文，也不可用作建筑设计机构所制图纸正式审核的依据。实际工程防火设计的正式审核，请务必根据正版规范原文作最终确认。因使用本手册造成的一切后果由使用者自行承担，本书作者概不负责。
2. 本手册只针对建筑设计从业人员学习、理解防火规范，以及在日常建筑设计工作中便捷高效地参照和辅助性使用。手册内容对于使用者和其他行业读者仅作参考，不可作为建筑工程责任认定、法律诉讼、技术服务等各种商业和法律行为的正式支持文件。
3. 在使用本手册之前，请使用者务必熟悉《建筑设计防火规范》原文，包括条文说明，确保已经对消防规范有充分的了解，避免断章取义和误解条文、表格的规定。
4. 本手册的速查表格共分为6部19组，合计48个表格，按照总平面—平面—详细平面—特殊类型—防火构造五方面的建筑设计逻辑进行组织，便于建筑师按设计流程参考使用。
5. 建议建筑师对以上五方面和各组表格的主要内容及设计逻辑有较深入、明晰的掌握。但不需对表格中的数据和具体条文进行背诵，切忌凭记忆进行设计；设计时应直接对照表格内数据，以避免记忆出错，这也正是本手册编写的具体功能之一。
6. 本手册排除了规范中厂房、仓库、储罐区、堆场、超高层、木结构、交通隧道、水电暖等部分的内容，有需要时还需使用者自行查阅规范原文。经常从事这些方面设计的使用者可参考本手册的思路自行制作相应表格供日常使用。

7. 本手册表格将规范中与强制性条文相关的内容标为红色字体，并标注了在规范中的具体条文编号。非强制性条文的内容不再标明对应的条文编号，需查阅原文时，建议自行用关键字搜索。
8. 规范中有歧义及难以理解之处，笔者的解读和建议仅作参考，具体如何理解并执行规范条文还需使用者根据规范原文自行判断。
9. 手册最后附有《防火设计自查表》，供使用者内部校对审核之用，但不可用作外部图纸审查。
10. 本手册表格虽经过反复校核，但仍不能确保没有错漏，如有发现还请读者告知，笔者将在以后的新版中改正并具名感谢。

目 录

第三部分 详细平面 / 062

第四部分 特殊类型 / 088

第五部分 防火构造 / 106

第六部分 规范附录 / 134

引言：《建筑设计防火规范》的内在基本逻辑

虽然防火规范原文并未系统地解释整个防火设计的基本思路，但从全书章节结构、条文及其说明的具体内容中，结合真实的建筑设计经验，可以总结出规范编写和实际建筑防火设计的几个基本逻辑。

1. 防止蔓延

建筑防火设计的最基本原则和最有效的方法，首先是通过将建筑和建筑群进行分区、隔离、保持间距等手段，避免火灾的无限蔓延，将火灾损失控制在最小范围内。

这在中国历史上就曾有大量的经验。《三国演义》中就描写了两次因防火措施不当导致失败的著名战役：赤壁之战和火烧连营，两战失败的关键都在于没有分区隔离而造成火灾持续蔓延，无法扑灭。

真实生活中的反面案例就是西南地区一些以木结构为主的村寨，因为建设密度高、建筑物连成一片且缺乏隔离手段，导致在个别房屋失火后造成全体烧毁，几乎无法扑救。2014年云南香格里拉县独克宗古城就因此一次性烧毁了近六万平方米。而与之形成对比的是徽州地区的村落，虽然同样是高密度的木结构建筑群，但由于从明代开始采用了封火山墙（马头墙）对每户每栋建筑进行防火隔离，不但避免了火灾蔓延，保障了大量古村落能够延绵数百年留存至今，而且形成了自身的造型特色与风格。

因此，在宏观层面，防火的最重要措施就是将建筑物分离布置，避免发生火灾后蔓延到其他建筑。这主要通过防火间距来实现。这一规范中的相关条文，也极大地影响到当代中国城市的基本面貌（同样影响巨大的另一个规范则是日照间距，但日照主要影响住宅建筑，防火规范则影响到所有建筑）。

在建筑物内部，同样依靠这一方法，也就是规范中有关防火分区的条文，通过防火墙、防火门等防火分隔构件，将建筑物分成若干个面积不大的区域。当一个分区发生火灾时，不至于蔓延到其他分区，避免更大的生命财产损失。

在构造层面上，同样重点防控的是火焰容易蔓延的部分，如垂直贯通各层的中庭和楼梯空间，建筑物内部跨分区和楼层的缝隙、设备管线、管井，外立面保温层和门窗洞口等。

这些规范条文分布于防火间距、防火分区、防火构件、保温构造、防火构造等篇章中，内容较为分散，但理解和执行时应能体会其对于防止火灾蔓延的系统性作用。由于火焰蔓延的特点，任何一个点位的隔离失败都会造成整个分隔体系的崩溃，所以尤为重要。

在建筑设计中，首先要在总平面、平面和立面上注意间距和分区的划分，同时在构造层面注意构件的耐火性能和截断火焰蔓延的各种措施。

2. 保障逃生

人命关天，在控制火灾蔓延的基础上，首先要解决的是人员逃生的问题。因此，防火规范中的大量规定并非在于灭火，而是为了保障火场中人员的逃生安全。

在已经燃烧的火场中，普通人员是无法生存和穿过的，所以保障逃生安全的主要手段，是通过建立足够的安全区域和通道，让人员能够在火灾发生时快速进入这些安全区域，进而通过安全通道离开火灾建筑。

为了足够快速地逃离，非安全空间需要控制为足够小的房间尺寸、逃生距离和较多的安全出口数量；安全区域内要有足够大的出口、通道宽度。

同时，为了保障安全区域的足够安全，对其墙体、门窗的耐火性能也作出了相应的规定。

由于有毒烟雾是比火焰更容易传播的致命因素，保障逃生还必须对非安全空间进行排烟，对安全空间进行防烟，因而防烟排烟方面也有较重要的条文规定。

在这套逃生体系下，规范条文主要通过疏散距离长度，安全出口数量，疏散门、楼梯、走道的宽度及应急照明标志等条文保障逃生速度；通过防火墙、楼板、屋顶、防火门窗卷帘等建筑构件耐火性能等条文保障安全区域的安全；通过疏散楼梯间及其前室的防烟排烟设施保障对有毒烟雾的防御。通过这一套完整的安全逃生体系，确保建筑内人员能够安全、快速地逃离火灾区域。

在建筑设计中，在进行建筑功能空间布局和水平、垂直交通组织的设计时，首先考虑好火灾疏散的要求，契合规范的安全逃生体系，避免后期修改困难。

3. 便于救援

除了自行逃生之外，建筑防火设计也需要为消防员进入火场救援受困人员提供支持。

消防员要进入火灾建筑物，首先是通过安全出口逆向进入疏散楼梯间，再到达失火分区的所在楼层。高层建筑和较深的地下建筑还需要使用消防电梯。建筑物的屋顶、避难层（间）也是重要的入口和待救援区域。相应的还需要消防机电设备的配合。

在这套施救体系里，一部分是逆向利用人员逃生的疏散系统，另一部分则是通过专门的消防救援窗等洞口直接进入非安全区域。

与之对应的规范条文，除了对安全疏散逃生体系部分作针对救援的适配，主要包括消防车道和救援场地、消防救援窗、屋顶平台、避难层（间）、消防电梯等空间、构件和设备等方面的规定。

在建筑设计中，需要结合疏散要求，系统地安排疏散体系和消防救援体系的对应关系，做好具体救援设施的布置，达到规范的具体规定。

4. 便于灭火

防火规范同时也针对如何组织灭火作了多个层次的规定，形成完善的灭火空间和设备体系。

首先是外部场地和水源的保障。规范主要通过消防车车道和扑救场地、市政消防水源、建筑消防水池、室外消防栓的设置进行了规定。在农村防火规范中，也重点规定了如何建立这套消防灭火的水源与设备体系。

由于近年来经济发展和自动化控制技术普及，自动报警和灭火设备发挥出较显著的作用，规范对于这些自动化设备也很重视。规范对消防水池、自动报警和自动灭火设施、消防控制室、室内消防栓、消防联动的门窗卷帘等进行了规定，尤其对于火灾风险较高的机房、人员密集场所、特殊功能空间等区域，普遍要求设置自动报警和灭火体系，有利于全天候无人值守和早期发现、早期扑灭。

这部分条文的主体对象固然针对给水排水和电气专业，但对建筑设计尤其是消防分区、设备用房及管线部分的影响也较大。事实上，机电设备对实际运营使用的影响是非常大的，尤其在互联网、智能化、信息化的条件下作用更大。建筑专业应克服重空间造型、轻机电设备的专业本位倾向，综合统筹好各专业和建筑空间环境的协调关系。

规范条文同时涉及总平面场地和道路、平面、详细平面及构造等所有方面，需要针对扑救场景和技术设施的要求进行系统、全面、准确的设计。

5. 特殊建筑类型的针对性处理

防火规范是高度重视建筑物实际建造使用条件和真实消防扑救需求的，而非以理想逻辑进行编写。

因此针对实际存在的主要建筑类型，尤其是火灾风险较高或扑救难度较大的建筑类型，包括商业、娱乐、观演建筑，相关老、幼、病的建筑，设备机房，地下室等典型类别，都作了专门化的具体规定，这些规定更多的是考虑具体建筑类型的实际的惯常情况，而非通用规定，所以条文也较为琐碎，较缺乏通用性。

有些类型建筑的具体规定还被分割表述在规范的不同章节。而在实际建筑设计中，当涉及某一类型时，是从全体到局部整体设计的，因而这样分散表述的条文使用起来效率不高。

因此本书首先对规范中涉及这些类型建筑的规定进行分类汇总，以方便设计中查阅。另外对于娱、观、老、幼、病这五类，规范条文的着眼点和内在逻辑也有一定的相似性，所以与此相关的五张表格也进行了一定程度的归纳提炼，主要从设置的楼层位置、出口数量、人数宽度等方面进行表述，虽然并不能完全条理化，但也有利于对比和设计参考。在具体设计时，需要根据具体功能情况仔细对照规范要求执行。

机房部分的条文更加琐碎，也主要归属水、电、暖等专业，但因为火灾风险大，对建筑安全影响大，布局和空间要求复杂，也不能轻视，需要协同各专业，严格按照规范要求执行，并与整个防火设计作系统性协调安排。

以上五个方面，是笔者对民用建筑部分建筑专业的条文进行总结归纳而得，对于建筑师而言，这样的解读更容易理解防火设计的系统性和条理性，但并不见得是真实的消防部门的实践逻辑，也不一定是规范编制者的实际思路，所以主要用作增进对规范的理解和记忆，实际参阅和应用规范时，则要按照具体的条文去执行。

第一部分　总平面

1. 防火分类和耐火等级
2. 防火间距
3. 消防车道和场地

总平面部分共3组10张表格，主要包括：防火分类和耐火等级，共计2张表格；防火间距，共计6张表格；消防车道和场地，共计2张表格。

本部分主要汇总了规范中所有涉及总平面设计的条文内容，主要包括建筑分类分级、防火间距，以及消防车道和救援场地。

按照建筑防火设计的常规流程、方法和规范原文体现出的内在逻辑，建筑设计一开始，尤其是修建性规划和概念方案设计阶段，就要在总平面层面安排好必要的防火设计内容。

总平面设计时，首先要根据功能、高度等具体情况，对各栋建筑物确定防火分类；再依据防火分类，确定相应的耐火等级；然后根据耐火等级，确定所需要保持的最小防火间距，并最好留有余量。

在总图设计上，为重要和不易扑救的建筑（主要是高层建筑和占地超标的多层建筑）设置专门的消防车道和消防扑救场地。

在进入详细准确的总图设计阶段后，针对详细的间距尺寸、消防车道和场地尺寸作细化落实，并绘制专项消防总图。

以上是总平面防火设计的大致流程。

在总平面设计阶段早期就充分考虑防火间距和消防车道布置，是非常重要且事后难以弥补的。尤其是对场地条件比较紧张，或者对土地利用率要求较高的项目。

防火间距同时还与日照间距、容积率计算有密切的关系。而消防车道及救援场地设置则对场地交通组织、地面停车、地下车库出入口位置、绿化覆土布局和绿地率、建筑单层面积、主要立面朝向、楼梯间位置、竖向设计等众多重要方面有显著影响，因而必须通盘统筹考虑，且防火设计具有不可违反的强制性，建议只在最后细化阶段且有必要的情况下，才考虑间距缩减的情况。

1. 防火分类和耐火等级

建筑的分类是非常复杂的。规范中的建筑分类是针对防火扑救目的进行的分类，笔者认为可理解为“建筑防火分类”。

本组规范的基本思路是先根据需设计的建筑自身的重要性、危险性等与防火有关的特性，大体上将建筑分类；再针对每个类别，规定统一的防火设计要求。本组规范不涉及具体的防火设计要求。

耐火等级同样是为了将建筑分类（即分级），同样可以针对各耐火等级规定统一的防火设计要求。这个防火设计要求的核心是规定其构件的耐火时间，所以称为耐火等级；当然也包括其他防火设计要求如防火间距、疏散距离、防火分区面积等。

所以，建筑防火分类和建筑耐火等级这两种分类、分级方法，其功能比较相似，而且两者有较清晰的对应关系，也就是：一类高层和地下室不低于耐火一级，二类高层和重要单、多层不低于耐火二级。

原则上，建筑防火分类是最基本的分类方法，但规范中大部分具体的防火设计要求都是基于建筑耐火等级的——虽然条文说明提到：“以（建筑防火）分类为基础，本规范分别在耐火等级、防火间距、防火分区、安全疏散、灭火设施等方面对民用建筑的防火设计提出了不同的要求。”

因此笔者理解，建筑防火分类的主要作用，实际上就是确定耐火等级；耐火等级才是规范规定防火设计要求的主要依据。

当然也有少数条文规定直接依据建筑防火分类，如某些二类高层可以选用封闭楼梯间而一类高层必须用防烟楼梯间，二类高层的部分房间可以不设自动灭火系统，消防用电可以按二级负荷，等等，但这种情况仅有几处，读者可以加以注意。

除了防火分类和耐火等级这两套分类方法之外，规范在具体规定防火设计要求的时候，也大量使用功能、规模等多种分类方法进行成组的条文规定，因而分类和分级都不是绝对的，只是耐火等级这一分法应用较多，这也加剧了规范条文的复杂性，最终还是要根据具体条文理解防火设计要求。

1.1 建筑的防火分类

建筑防火分类有三大类：一类高层，二类高层，单、

建筑的防火分类（H—建筑高度） **表1.1**

<table>
<tr><th rowspan="2">功能与分类</th><th colspan="4">高层民用建筑
（H>27m的住宅建筑，H>24m的其他非单层民用建筑）</th><th rowspan="2">单、多层民用建筑</th></tr>
<tr><th colspan="3">一类高层</th><th>二类高层</th></tr>
<tr><td>住宅建筑（含设商业服务网点的）</td><td colspan="3">H>54m（通常相当于住宅18层）</td><td>54m≥H>27m</td><td>H≤27m（9层）</td></tr>
<tr><td rowspan="6">公共建筑</td><td colspan="3">H>50m的公共建筑</td><td rowspan="6">其他高层公共建筑</td><td rowspan="2">H>24m的单层公共建筑</td></tr>
<tr><td rowspan="5">重要的公共建筑</td><td>多种功能组合</td><td>楼板标高>24m以上部分的任一楼层设有建筑面积>1000m^2的商店、展览、电信、邮政、财贸、金融等（人员密集或重要）功能</td></tr>
<tr><td>医疗、养老</td><td>医疗建筑、独立建造的老年人照料设施</td><td rowspan="4">H≤24m的其他公共建筑</td></tr>
<tr><td>重点防灾调度</td><td>省级及以上的广播电视和防灾指挥调度建筑，网局级、省级电力调度建筑</td></tr>
<tr><td>大型图书馆</td><td>藏书超过100万册的图书馆或书库</td></tr>
<tr><td colspan="2">高层博物馆建筑</td></tr>
<tr><td colspan="6">注：1. 表中未列入，根据本表类比确定。</td></tr>
<tr><td colspan="6">2. 除本规范另有规定外，宿舍、公寓等非住宅类居住建筑应符合公共建筑的规定。</td></tr>
<tr><td colspan="6">3. 除本规范另有规定外，裙房的防火要求应符合高层民用建筑的规定。</td></tr>
<tr><td colspan="6">4. 农村的厂房、仓库、公共建筑和超过15m的居住建筑的防火设计应执行《建筑设计防火规范》GB 50016。</td></tr>
<tr><td colspan="6">5. 本条依据建筑高度、功能、火灾危险性、扑救难易度等进行分类，以分类为基础确定耐火等级、防火间距、防火分区、安全疏散、灭火设施等具体防火设计要求。</td></tr>
</table>

多层，其重要性、危险性和扑救难度等特性依次递减。

在本分类中，单、多层被归为最低类别，但因为没有用“某类”的后缀，容易被忽略其作为建筑防火分类的含义，读者应予以注意。笔者理解，称之为“三类”或“单、多层类”会更容易理解。规范后续条文从中分出了重要单、多层公共建筑的类别，与一类高层中的重要公共建筑相似；因此如将其理解为“一类单、多层”“二类单、多层”，或许更有利于理解本规范的防火分类。

在分类中，首先将住宅建筑和公共建筑进行了区分，两者单、多层与高层的分界高度不一样（分别为27m和24m），一、二类的分界高度也不一样（分别为54m和50m），在整个规范中都使用了这套分类方法，读者需注意。

一、二类高层的区别是比较复杂和模糊的，从条文看，大体是依照危险性（高度、人员密集度、是否服务于老人或病人等）和重要性（防灾调度、图书馆、博物馆等）两个标准进行的，对于未列出类型，仍然需要有关部门的具体解释。

在每一个建筑项目设计的一开始，就应该对其防火分类有大体的判断，也就是明确其功能、规模及火灾危险性与扑救难易度，这对后面确定其耐火等级与具体防火设计较为重要。

1.2 建筑耐火等级的确定

如前所述，选择耐火等级是进行其他方面防火设计的基础。

先根据所设计的建筑的各方面特征，确定需要达到的耐火等级。此外，除了根据建筑防火分类，也有几个建筑功能类型的专项规范规定了如何确定其耐火等级，并且有的还是强制性条文。本表对此进行了汇总。

但专项规范只有办公、博物馆、展览、体育建筑等几种，相对于其他十多种常见的建筑类型，是否规定其耐火等级并无明显的规律，因此笔者认为可能是众多规范编制的偶然性造成的，读者在进行具体设计时还需结合具体专项规范和本规范，谨慎决定其耐火等级。

确定耐火等级的同时也就确定了其构件的耐火时间，以及其他防火设计的要求。但从常见建筑材料和结构形式来看，钢筋混凝土建筑很容易达到一、二级耐火要求，钢结构也不困难，所以通常不在前期阶段考虑具体构件耐火时间的影响。只有做木结构时，因为木材可

建筑耐火等级的确定 **表1.2**

<table>
<tr><th>建筑类型或功能</th><th>要求</th><th>备注</th></tr>
<tr><td>一类高层建筑</td><td rowspan="6">不应低于一级（建5.1.3）</td><td rowspan="14">建筑耐火等级和构件耐火时间可以相互决定：建筑分耐火等级是为了便于根据建筑自身结构的防火性能来确定该建筑的其他防火要求。相反，建筑构件的耐火性能也可用于确定既有建筑（所能达到）的耐火等级</td></tr>
<tr><td>地下、半地下建筑（室）</td></tr>
<tr><td>A类、B类办公建筑</td></tr>
<tr><td>高层或总建筑面积大于1万平方米或主管部门确定为重要的博物馆</td></tr>
<tr><td>特级体育建筑（体1.0.8）</td></tr>
<tr><td>甲、乙类物品运输车的汽（修）车库、高层汽车库、Ⅰ类汽（修）车库（汽3.0.3）</td></tr>
<tr><td>二类高层建筑</td><td rowspan="7">不应低于二级（建5.1.3）</td></tr>
<tr><td>单、多层重要公共建筑</td></tr>
<tr><td>C类办公建筑</td></tr>
<tr><td>展览建筑</td></tr>
<tr><td>其他博物馆建筑</td></tr>
<tr><td>甲、乙、丙级体育建筑（体1.0.8）</td></tr>
<tr><td>Ⅱ、Ⅲ类汽（修）车库（汽3.0.3）</td></tr>
<tr><td>农村建筑</td><td>不宜低于一、二级</td></tr>
<tr><td>老年人照料设施</td><td rowspan="2">不应低于三级（建5.1.3A）</td><td>除木结构建筑外</td></tr>
<tr><td>Ⅳ类汽（修）车库（汽3.0.3）</td><td>—</td></tr>
<tr><td>以木柱承重且墙体采用不燃材料的建筑</td><td rowspan="2">按四级确定</td><td rowspan="2">除本规范另有规定外</td></tr>
<tr><td>耐火等级低于四级的既有建筑</td></tr>
</table>

燃的特性，反过来决定了只能按照四级耐火进行设计。

值得注意的是，从规范全文来看，耐火等级造成的其他防火设计要求的主要区别，在一、二级和三、四级之间。而一级和二级之间的区别很小：除了构件的耐火时间有区别外，只有工业厂房和仓库的防火分区因一级或二级有不同；对于民用建筑，一、二级耐火等级的其他防火规定几乎都一样。笔者理解，一、二级的区别主要针对工业建筑而非民用建筑。

三、四级耐火等级的建筑则在功能、层数、规模等方面受很多限制，当然相应的对其构件耐火时间的要求也较低，建筑成本也低。工业厂房和仓库的条文中，三、四级提及较多，民用建筑中很多类型均不允许采用四级。

笔者理解，三级建筑除屋顶吊顶和房间隔墙外，均为不燃构件，安全性尚可，只是对于厂房、仓库等大跨度工业建筑，部分情况下有采用木结构屋顶以降低成本的需求。

四级相对于三级最大的不同在于除了防火墙，所有部位都可以燃烧，安全性很低，一般情况下不宜采用，即使《农村防火规范》也规定农村建筑不宜低于一、二级。正如规范条文说明所言，对于民用建筑许可采用四级主要是为了照顾经济欠发达地区的实际情况。

因此笔者认为，对于民用建筑耐火等级，正常要求达到一、二级；部分情况下可以采用三级；四级主要针对经济欠发达地区（和木结构）。

2. 防火间距

建筑之间的防火间距是防止火灾蔓延的最主要措施，也最简单有效。同时也是城市建筑群基本面貌的主要影响因素之一（另一关键要素是日照间距）。但防火间距对土地的消耗也很大，所以也不能无限制地增大间距。

本组规范的基本思路，是根据建筑的耐火等级、危险性、重要性、消防扑救空间等因素，在建筑设计中控制建筑物之间的最小间距。

防火间距的确定源自对飞火、热对流和热辐射等火灾蔓延因素的统计和计算，其中热辐射作用是主要因素，其控制效果与火灾延续时间、可燃物的性质和数量、相对外墙开口面积的大小、建筑物的长度和高度以及气象条件等众多因素有关。本组规范表格给出的距离是有关部门综合考虑了灭火救援需要、防止火势蔓延、节约用地、灭火救援和火灾实例经验教训的结果，必须严格遵守。

对于确有困难或有其他影响因素的情况，如成组布置、廊桥相连、弯曲建筑、防火墙相邻等，规范也给出了缩小间距的具体条件。正是这些缩减的情况，增加了本组条文规定的复杂性，需要在用地紧张时仔细考虑运用。

对于火灾危险较大的工厂仓库、变电站、锅炉房等建筑，则规定了更大的间距，以加强安全。

如果我们比较各个表格中不同情况下的间距数值，可以发现整个体系一方面基本自洽并符合逻辑，另一方面也看到其数值规定并不精确，规则也不完全一致，例如民用建筑的单、多层部分与汽（修）车库，丙类、丁类、戊类厂房仓库三类建筑的间距完全一致，但高层部分则距离依次加大。因此既要对这些距离有定性的理解，又要在具体设计中以表格为准，避免出错。

防火间距对建筑设计的总体布局影响很大，务必在规划和概念设计阶段就充分考虑。在用地具备条件时，应尽量加大间距以确保安全。

2.1 防火间距

2.1.1 通用防火间距

在规范中，确定最小间距应考虑相邻两栋建筑的各自情况，因此需要用纵横双向表格确定其数值。但规范表5.2.2中，沿对角线两边的数值实际上是重复的，因此本表将其重复部分淡化以求精简。

同时，在《汽车库、修车库、停车场设计防火规范》GB 50067中还规定了民用建筑与停车场之间的防火间距。其数值特点在于一、二级耐火的高层和单、多层建筑间距一样都是6m。由于此规定为强制性条文，又经常在设计中遇到，且未见于建筑防火规范中，因此整合到此表格中，方便读者查阅。而汽车库和修车库属于易燃类型，本书将其整合在后续的表2.3中。

另外，国家住房和城乡建设部的网站[①]明确：“《汽车库、修车库、停车场设计防火规范》中的停车场是指

① 见国家住房和城乡建设部网站政务咨询回复：http：//www.mohurd.gov.cn/gzly/zwzxhf/201511/t20151110_225536.html

为社会车辆提供服务的公共停车场。对于供住宅小区车辆停放的地面停车位、单位内临时道路或根据场地情况配置的停车位，该规范未作具体规定。”但在实际工程消防设计的审查中，据笔者所知，即使是单位内部的停车位，仍然会按此执行。笔者认为，虽然法规有其管辖范围，但单纯从技术上看，是否是社会公共停车场对此并无影响，一般情况下还是应当遵守。

需要注意的是，底部裙房相连、上部分开的建筑，其间距也受防火间距条文约束，也就是说，这两部分楼体是否属于同一栋建筑而不需保持防火间距，并非设计人可以自由定义，而要看是否会造成火灾跨楼蔓延。弯曲形楼体的同层不同防火分区的距离，则要求略低，只要求按多层建筑间6m设置，应该是因为只跨防火分区而不跨建筑，危险较小。

2.1.2 成组建筑防火间距

按笔者的理解，建筑物的防火间距、建筑内的防火分区、建筑不同楼层之间的隔离带，作用均为防止火灾跨防火分区蔓延，其防蔓延手段既包括拉开距离，也包括设防火墙和采用防火构件，防火参数和等级要求也类似，在阅读后续表格规定时可注意这种内在逻辑的统一性，有助于对规范的理解。

成组布置的特殊情况，也正是为了解决类似的问题：即形式上分离的建筑物，在何种情况下可以视为同一栋建筑，从而不需要保持防火间距？其核心要素自然是其每层总面积是否超过一、二级耐火等级建筑的常规最大防火分区面积——2500m^2。此防火分区面积是综合考虑了使用便利程度、经济水平、救援能力而定，在逻辑上是自洽的。也因此规定了单、多层，一、二级耐火等前置条件。

条文说明额外增加了功能要求，正文中写的是住宅和办公，但条文说明里又提及教学楼等功能单一的建筑，虽然意图清晰，但实际审图执行时难免有所困扰，需要根据具体功能多方沟通确定。

2.1.3 农村密集区防火隔离带划分

对于农村既有建筑群的防火间距，则采取了类似的思路，但其数值指标有所放松，算法也依据30~50户连片、每户宅基地面积100m^{2}来计算。其隔离带距离也对应一、二级耐火之间和三、四级耐火之间的两个间距数值。笔者将其整合在表格中，便于在规划层面理解乡村建设防火问题。但如涉及具体的乡村建筑物设计，则还

通用防火间距（单位：m）（建5.2.2，汽4.2.1）　表2.1.1

		高层民用建筑	裙房和其他民用建筑			
		一、二级	一、二级	三级	四级	停车场
高层民用建筑	一、二级	13	9	11	14	6
裙房和其他民用建筑	一、二级	9	6	7	9	
	三级	11	7	8	10	8
	四级	14	9	10	12	10

注：1. 相邻建筑通过连廊、天桥或底部的建筑物等连接时，其间距应大于等于本表的规定。
2. 对于回字形、U形、L形建筑等，两个不同防火分区的相对外墙之间也要有一定的间距，一般≥6m，以防止火灾蔓延到不同分区内。
3. 停车场从靠近建筑物的最近停车位置边缘算起。
4. 单独建造的终端变电站，单台蒸汽锅炉的蒸发量≤4t/h、单台热水锅炉的额定热功率≤2.8MW 的燃煤锅炉房，视同民用建筑。
5. 建筑物之间的防火间距应按相邻建筑外墙的最近水平距离计算，当外墙有凸出的可燃或难燃构件时，应从其凸出部分外缘算起。

成组建筑防火间距　表2.1.2

成组布置条件	间距要求
单、多层建筑	组内间距宜≥4m
耐火一、二级	
住宅、办公、教学等单一功能	组外间距按建5.2.2要求
占地面积总和≤2500m^2	

注：本条主要为了解决城市用地紧张的问题，方便小型多层建筑的布局与建设，每组符合以上条件时允许视为一座建筑。

农村密集区防火隔离带划分　表2.1.3

耐火等级	划分后最大占地面积	防火隔离带最小宽度
较高	5000m^2	6m
较低	3000m^2	10m

注：农村既有建筑密集区的防火间距不满足要求时，应采用防火隔离带进行划分。

需对照农村防火规范中的具体间距规定，其要求比城市建筑整体略低，但逻辑关系类似。

2.2 防火间距缩减的情况

规范中关于防火间距缩减提供了五种情况，其中四种是针对改扩建中相对面有防火墙时的组合情况，一种是相对面开窗较小时缩减25%的情况。

2.2.1 常见防火间距缩减

表2.2.1是笔者将规范第5.2.2条的注2～5条整理提炼所得，是实际设计中确实无法达到间距要求时最常用的解决方案，其内容也最复杂。

表格为纵横双向表格，横向列出了7类（分为4组以对应原文4个注释）情况，纵向两行则规定了高低建筑各自需满足的条件，交叉后确定最下一行的最终防火间距要求，请读者注意这种条件交叉组合的内在逻辑。实际上横向的“防火墙在高楼或矮楼侧、下方是否开口、高层或多层”这几种情况也是交叉组合条件，但由于无法绘制三维表格，只能依据规范的叙述方式，进行二维列表。

规范对这些条件组合的7种结果是依据两侧综合防火能力来确定距离缩减的：

由于火灾蔓延主要是从低楼向高楼进行，所以左起第1种——高楼侧为防火墙且不开口，则低楼无论如何，间距也可不限。

第2种因为高楼的高处非防火墙，风险略高，则低楼需要一、二级耐火，这样即可不限间距。

第7种两侧同高，被视为风险更高，则其中一楼不但需要作一、二级耐火处理，屋顶耐火极限还要不低于1h，这样才能不限间距。

第3～6种则属于折中状态，将“高楼侧防火墙高出15m+下部有甲级开口”和“矮楼侧有防火墙+屋顶耐火不低于1h”这两种情况的间距设为一样，并且都在有一侧是高层时定为4m，两侧均不是高层时定为3.5m。

这种综合权衡折中的算法虽然并不精确，但仍然有较强的合理性，所以也能够以理性逻辑去理解，只是其中条件较为细碎，在具体设计时需仔细对照。

还有两个细节要注意：

第一，一、二级耐火建筑的屋顶结构本就不小于1h，但未规定屋面板的耐火时间，所以表中规定屋顶整

<table>
<tr><th colspan="8">常见防火间距缩减　表2.2.1</th></tr>
<tr><td rowspan="2">高低楼防火性能的四种组合情况</td><td colspan="4">高楼侧为防火墙</td><td colspan="2" rowspan="2">矮楼侧为防火墙</td><td rowspan="2">两楼高度相同</td></tr>
<tr><td colspan="2">高楼下部无开口</td><td colspan="2">高楼下部有开口</td></tr>
<tr><td rowspan="3">较高建筑</td><td rowspan="3">对应外墙全是防火墙</td><td rowspan="3">对应外墙高出矮楼15m及以下位置是防火墙</td><td>是高层建筑</td><td>是多层建筑</td><td rowspan="3">是高层建筑</td><td rowspan="3">是多层建筑</td><td rowspan="7">耐火一、二级，任何一侧为防火墙且屋顶耐火极限不低于1h</td></tr>
<tr><td colspan="2">高出矮楼15m及以下为防火墙</td></tr>
<tr><td colspan="2">开口设置甲级防火设施（甲级防火门窗、防火卷帘、防火分隔水幕）</td></tr>
<tr><td rowspan="4">较低建筑</td><td rowspan="4">不限</td><td rowspan="4">耐火一、二级（或为停车场）</td><td colspan="2" rowspan="2">耐火一、二级</td><td colspan="2">耐火一、二级</td></tr>
<tr><td colspan="2">外墙为防火墙</td></tr>
<tr><td colspan="2" rowspan="2">无天窗</td><td colspan="2">屋顶耐火极限不低于1h</td></tr>
<tr><td colspan="2">无天窗</td></tr>
<tr><td>最低防火间距要求</td><td>不限</td><td>不限</td><td>4m</td><td>3.5m</td><td>4m</td><td>3.5m</td><td>不限</td></tr>
<tr><td colspan="8">注：百米以上高楼不缩减（建5.2.6）。</td></tr>
</table>

体耐火极限1h并非重复。

第二，第3～6种的规定是“至少有一侧为高层建筑时”，要增加间距到4m，均为单多层则为3.5m。实际上此条件等效于“较高建筑为高层建筑”。因为如较高建筑为高层，则已经满足条件；如较高建筑不为高层，则必然两侧都不为高层，因而不满足条件。所以表格得以简化。

特别需要指出的是，此条主要针对改扩建项目不得已而减少间距的情况，新建建筑时一般不允许按此表执行，务必注意。

2.2.2　小开窗间距缩减

表2.2.2是开窗较小且墙面不可燃时缩减25%间距的情况。主要考虑有的建筑物防火间距不足，而全部不开设门窗洞口又有困难的情况，属于正常间距自由开窗和全防火墙不限间距两者情况的折中状态。其前提条件则

限定了单、多层和外墙、屋檐不可燃，即使如此，也只允许开5%且不正对的窗，防火间距仅可缩小 25%，应该说是比较谨慎的。

其中对屋顶部分的规定，只要求无可燃的外露屋檐，并未要求屋顶本身不可燃或耐火时间达到何种标准，要求相对宽松。

2.3 民用建筑与易燃建筑间距

与有条件缩减间距相反的情况，则是面对易燃易爆的厂房、仓库、汽（修）车库、变电站、燃油燃气站等建筑时，需要增加防火间距。本书不涉及非民用建筑之间复杂的间距规定，但民用建筑与这些建筑的距离作为强制性条文和可能遇到的相关情况仍需列入，只是不作

民用建筑与易燃建筑间距（单位：m）

易燃建筑 / 民用建筑		停车设施（汽4.2.1）			厂房（建3.4.1）、仓库（建3.5.1、建3.5							
		汽车库、修车库			丁、戊类厂房（仓库）（同燃油、燃气、燃煤锅炉房）				丙类厂房（仓库）（单独建造的室内变电站）			
		高层	单、多层		高层	单、多层			高层	单、多层		
		一级	一、二级	三级	一、二级	一、二级	三级	四级	一、二级	一、二级	三级	四纟
高层	一类	13	10	12	15		18		20		25	
	二类				13		15				20	
裙房，单、多层	一、二级				13	10	12	14	13	10	12	14
	三级	15	12	14	15	12	14	16	15	12	14	16
	四级	17	14	16	17	14	16	18	17	14	16	18

注：不宜将民用建筑布置在甲、乙类厂（库）房，甲、乙、丙类液体储罐，可燃气体储罐和可燃材料堆场的附近。

小开窗间距缩减25%的情况（单位：m） 表2.2.2

满足右侧4条时，缩减25%后距离如下			
	1. 单、多层建筑。		
	2. 外墙为不燃性墙体。		
	3. 无外露的可燃性屋檐。		
	4. 无防火保护的门、窗、洞口不正对开且门、窗、洞口面积不大于外墙面积的5%。		
	一、二级	三级	四级
一、二级	4.5	5.25	6.75
三级	5.25	6	7.5
四级	6.75	7.5	9

表2.3

					变（配）电站（建3.4.1）			
类厂 乙类 厂房 库）	甲类仓库				室外变（配）电站			10kV及以下的预装式变电站
	甲类1、2、5、6项		甲类3、4项		变压器总油量Q（t）			
	≤10t	>10t	≤5t	>5t	5≤Q≤10	10<Q≤50	50<Q	
50（包括单、多层重要公共建筑）（建3.4.2）					20	25	30	3
25		30		40	15	20	25	
					20	25	30	
					25	30	35	

液化石油气瓶的独立瓶组间（建5.4.17）		
总容积V（m³）	V≤2	2<V≤4
一类高层	15	20
重要公共建筑		
裙房、其他建筑	8	10
主要道路	10	
次要道路	5	

为重点，仅供必要时查用。

其中应注意的有如下细节：

甲类仓库危险性最强，甲类厂房则与乙类厂房（仓库）间距相同。

在防火间距上，规范将锅炉房等同于丁、戊类厂房（仓库）；单独建造的室内变电站（非末端）等同于丙类厂房[①]；末端室内变电站则等同于同耐火等级民用建筑。而从间距表格来看，单、多层民用建筑与丁、戊类厂房（仓库），丙类厂房（仓库）、汽车库三者的间距数值完全相同（汽车库没有四级耐火的类型）。

液化石油气的独立气瓶间并非依据耐火等级，而是根据建筑防火分类和重要性单独控制间距。

3. 消防车道和场地

消防车道是保护城市和乡村消防安全的最重要的主动设施，也是总平面设计中建筑物布局和道路交通结构的关键因素。

虽然每栋建筑发生火灾的概率很低，但对于城市级别的庞大建筑群，几乎每天都会有若干起火灾事故，全国每年火灾次数更高达数万起。即使部分建筑内设置了自动灭火系统，绝大多数情况下最终扑灭火灾的仍然是消防员和消防车。因而整个城市（和有条件的乡村）都需要针对消防车通行并到达每一个区域，进行专项规划和建设，其成本巨大，但作用也同样巨大。

本组规范的基本思路是在建筑周边道路和场地设计中，让消防车可以到达每栋高层建筑和特殊多层建筑的主要立面部位，并有相应场地进行登高灭火救援。相应的，需要道路及其周围环境符合消防车通行和扑救的要求，并提供相应的消防水源和消火栓体系。对于普通多层建筑，按规范不需要专门设置消防环道，利用街区道路即可。

消防车道设计是总图交通设计的重要部分，特别是针对众多高层住宅区及大型公共建筑，规范要求

① 此处规定见第 5.2.3 条及其条文说明。2018 修订版中叙述有误，在 2019 年修订版中进行了纠正。

高，对整个场地交通设置影响很大。即使对于规范没有规定的普通多层建筑群，通常也应该尽可能结合内部机动车交通和地下车库出入口，设置消防车可以通行的车道，并尽可能形成环路，而不是紧贴规范最低要求进行车道设置。

3.1 消防车道总图布置

因为消防车道系统基于整个城乡道路系统并需要普遍覆盖大部分建筑群，所以消防车道的设置首要的是依靠公共道路系统而非建筑场地内道路。

消防车道总图布置 表3.1

	城乡、厂区道路	街区内道路（含农村）	建筑物沿街长度>150m	建筑物总长度>220m	短边>24m的封闭内院（天井）的建筑	供消防车取水的天然水源、消防水池	高层民用建筑	特殊单、多层建筑	汽车库、修车库
一般布置	可利用作为消防车道	应为消防车道，道路中心线距离宜≤160m	消防车道应穿过建筑物		宜设置进入内院或天井的消防车道	应设置消防车道	应设置环形消防车道（建7.1.2）		消防车道应为环形（汽4.3.1）
确有困难时	—	—	设置环形消防车道		—	—	沿建筑两个长边设置		可沿建筑物的一个长边和另一边设置
备注	要满足消防车通行、转弯和停靠要求	消防车道两侧不应设置影响消防车通行或人员安全疏散的设施	建筑物的进深最好控制在 50m 以内		建筑物沿街时，应设置连通街道和内院的人行通道（可利用楼梯间），间距宜≤80m	其边缘距离取水点宜≤2m	住宅或山坡地、河道临空建造的高层建筑，可沿建筑一个长边设置（此边立面为登高操作面）	超过3000座的体育馆、超过2000座的会堂、占地面超过3000m^{2}的商店、展览建筑	Ⅳ类汽（修）车库可沿建筑物的一个长边和另一边设置，不需按环形设置

为了配合消防车的扑救，同时还需要配套相应的市政消防管网和相应的室外消火栓体系。由于我国市政消火栓保护半径在150m左右，因此规范规定消防车道的间距不超过160m，消火栓的间距不应大于120m，两者基本匹配。当建筑物过长或形成内院时，规范要求提供穿过建筑的消防车道或环道。

当没有消火栓时，替代用的消防水源同样需要用消防车道连接。

在公共道路的消防车道基础上，规范对高层建筑和占地较大的单、多层建筑额外规定了配套的环线消防车道，以应对扑救难度较大的情况。值得注意的是，本条文原文中有“…… 等单、多层公共建筑应设置环形消防车道”的论述，快速翻阅时如只看到顿号之后的部分，会以为规定“多层公共建筑应设置环形消防车道”，这显然是误读，但确实发生过，需避免这种低级错误。

《汽车库、修车库、停车场设计防火规范》GB 50067也规定了需设消防环道且为强制性条文，建筑规范没有此内容，笔者将其整合到表格中以便查阅。

3.2　消防车道线路与救援场地

因为消防车庞大、沉重、转弯半径大，因此对道路的要求高于一般车辆。场地设计时应考虑宽度、净高、转弯半径和路面承载力等要求，尤其转弯半径（内径）对场地影响大，通常需要优先考虑。

一些城市禁止对消防车道和救援场地进行绿化，车道对绿地率也有影响，需结合当地政策进行设计。当场地下方为大面积地下室时，消防车的大荷载对地下室结构设计也有显著影响。

规范中对消防车道和救援场地的具体要求，陈述形式基本相同，因此将部分内容对应制表，便于读者查阅和理解，但也要注意两者的区别。消防救援窗虽与场地有关，但主要在于对立面的影响，因此放在了后续表11.1中。

救援场地的实际需求在于能够靠近高层主体建筑并尽量宽阔，以充分展开救援，所以占满一个建筑长边只是强制性条文的基本要求。真实的火场复杂多变，笔者建议在有条件时应尽量设置更宽的救援场地，而不是仅仅达到规范下限。

由于救援场地针对的是高层部分，裙房会影响扑救，所以其进深须小于4m。这一条对裙房设计影响较大，几乎意味着高层部分必须贴近裙房外侧，且救援场地相较消防车道来说，额外增加了“不能有车库出入口”的要求，同时该侧还必须有楼梯间出口，在建筑设计中需提前注意。

条文“应至少沿一个长边或周边长度的1/4且不小于一个长边长度的底边连续布置”中，“周长的1/4且不小于一个长边”的规定看似矛盾，因为长方形的1/4周长必然小于长边。笔者理解，这主要是针对非长方形的平面而言：当长边小于1/4周长时，要取1/4周长；当长边大于1/4周长时，则要按长边的长度去布置。如果对长方形而言，因为1/4周长必然小于长边，所以，如不能直接布满一长边，则直接按长边长度设置即可。

消防车道线路和救援场地

消防车道线路 （建7.1.8）	净宽度和净空高度	转弯半径	与建筑之间
	应≥4m	≥9～12m	不应设置障碍物
	—	—	障碍物包括高大树木、架空高压电力线、架空管廊等
消防救援场地 （建7.2.1）	高层建筑>50m	高层建筑≤50m	与民用建筑之间
	连续布置一个长边或周边长度的1/4（且大于等于一个长边）	连续布置确有困难时，可间隔布置	不应设置障碍物和车库出入口（建7.2.2）
	该范围内的裙房进深应≤4m	间隔距离宜≤30m，且总长度仍满足≥1/4的长边或周边长度	障碍物包括高大树木、架空高压电力线、架空管廊等
	长度≥20m，宽度≥10m	长度≥15m，宽度≥10m	

表3.2

缘距离建筑外墙	路面及下方管道暗沟等	环形式	尽头式	坡度	铁路正线
宜≥5m	应能承受重型消防车的压力	至少应有2处与其他车道连通	应设置回车场	宜≤8%	不宜平交
—	一般情况下场地的承载力≥10kg/cm²	—	应≥12m×12m；高层建筑宜≥15m×15m；重型消防车宜≥18m×18m	此坡度仅满足消防车安全行驶，不够停靠扑救	确需平交时应设置备用车道，且两车道间距应大于等于一列火车长度（一般一列火车长度≤900m，动车长度不超过402m）

缘距建筑外墙	救援场地及下方管道暗沟	与消防车道	对应的建筑物范围内	坡度	
宜≥5m，也应≤10m	应能承受重型消防车的压力	应连通	应设置直通室外的楼梯或直通楼梯间的入口（建7.2.3）	宜≤3%	消防救援场地也就是消防车登高操作场地，只针对高层建筑设置，单、多层建筑无此要求
—	当建筑屋顶或高架桥等兼作救援场地时，其承载能力要符合消防车满载时的停靠要求。一般情况下场地的承载力≥10kg/cm²	—	—	坡地等特殊情况允许采用5%的坡度	

第二部分　平面

4. 防火分区
5. 安全出口和疏散门
6. 特殊功能平面

平面部分共3组9张表格，主要包括：防火分区，共计2张表格；安全出口和疏散门，共计5张表格；特殊功能平面，共计2张表格。

本部分汇总了规范中所有涉及整体平面设计的条文内容，主要包括防火分区及其安全出口，另外将较常见的两种特殊情况：商住合建与人员密集场所，也并入本部分。其他不常见的特殊情况则在后文单独列作第四部分。

对于平面的防火设计，规范只规定了其防火分区和安全出口的有关要求，这容易令初学者难以看清其内在逻辑性和系统性。但如果仔细阅读规范原文，我们可以发现，条文背后隐藏着一种概括了整个建筑物“功能空间+交通体系”的默认模型，即：①全部建筑空间由若干防火分区组成；②每个防火分区内都有“房间—疏散门—走廊—安全出口—安全区域”的交通疏散体系；③安全区域主要指疏散楼梯间，并在垂直方向串联各层防火分区，最终从首层通往最终的安全区域——室外（避难走道、避难层、屋顶、天桥等仅作为补充要素，并不在主要模型中）；④针对住宅，还有更加简单固定的模型：单元式和通廊式两种交通结构，且同样符合前述标准交通疏散体系，只是房间和走廊的形态更加简单和固定，因此其防火要求也更低。

这一模型源自建筑平面设计的基本内容：功能和交通。任何建筑设计都要解决这两个问题，但不同类型建筑中，两者各自的形态及两者之间的几何拓扑关系则千变万化。

因为整个规范的分区和交通疏散体系实际上是基于上述常见平面模式的，其他非常规平面要适应规范经常会有困难，例如古代建筑常用的房间直接相连或嵌套、不设专门走廊的布局，就很难套用规范中的一般交通模式。

当代建筑设计模式中也同样有不适合规范的地方，例如大型商业建筑或文化建筑中，为了商业价值或空间效果，往往倾向于模糊交通空间与功能空间，以各种复杂方式串联不同位置、形态和功能的空间（所谓流动空间和共享空间）；而规范恰恰要求交通空间和功能空间严格区分，形状以简单、明确、统一为好，疏散走廊在规范中是非常重要的组件，各层垂直空间恰恰要避免竖向串联；这些都造成了功能需要和防火规范的天然矛盾。虽然规范也通过防火卷帘、特殊类型扩大分区等方式解决了一部分矛盾，但问题依然普遍存在，也成为建筑师进行防火设计的主要难点之一。

防火规范是必须严格遵守的，只有系统地考虑整个交通体系和功能空间布局（有时候要运用特殊类型的条文），将建筑体量、空间和交通流线的设计，与本篇的平面防火疏散逻辑协调融合，才能在解决好防火分区、疏散距离和安全出口的规范要求的同时，实现建筑设计的功能目标。这也是消防技术和法规对建筑设计的必然影响，应充分掌握。

当我们进行建筑主要平面的设计时，往往先按规范要求确定具体建筑类型的防火分区规模与位置，再以此为基础进行平面功能布局设计，甚至有时候会刻意根据防火分区规模上限控制每层面积的大小，尤其是住宅和高层建筑，规范数值上限的影响非常明显。进行交通组织设计时，主要垂直楼梯首先要考虑各层分区的数量、面积和疏散方向，再结合疏散走廊的长度和楼梯出口数量的规范要求进行设计。

4. 防火分区

防火分区是保障建筑内部发生火灾后不造成蔓延的重要的被动式防火措施，其作用类似建筑群体层面的防火间距，是整个建筑内部防火、逃生及救援的基石。

本组规范的基本思路，是首先将建筑物分层，层与层之间原则上天然形成不同的防火分区；进而将每层再分为不超过一定面积的防火分区，不同分区之间以防火墙和其他等效的防火分隔措施分开，避免火灾蔓延。

对于造成不同楼层间相互串联而容易使火灾蔓延的空间，如中庭、楼梯、管井、立面门窗等，规范则通过专门的措施切断其蔓延路径。

防火分区的有关规定显著影响了建筑物的平面规模和形态，进而影响到建筑的外部体形，特别是高层建筑和住宅，这是显而易见的。但防火分区对建筑设计的另一个重大影响，却没有在规范中系统指出，就是每个防火分区默认有至少2个安全出口，且相互间距离需要满足最大疏散距离和最小疏散宽度的要求，这对建筑垂直交通布局的影响是决定性的，也影响到分区本身的形态。在公共建筑的平面交通设计中，先要考虑消防疏散楼梯的位置、数量和大小，才能合理安排好整个垂直交通体系。

4.1 防火分区划分

规范对分区面积上限的规定，源自对疏散逃生、消防救援、减少损失等多方面因素的综合考虑，也参考了国外多种已有成熟规范的指标，总体来说，或许是因为中国整体人口和建设规模的庞大，本规范的防火分区面积是比较大的。

防火分区划分（建5.3.1）

分类	分级		
高层民用建筑	一级	一类高层	
	二级	二类高层	
	裙房		与高层
			与高 （疏散
单、多层民用建筑	一、二级		
	三级		
	四级		
地下、半地下建筑（室）	一级		

注：1. 地下室：房间地面低于室外设计地面的

表4.1

<table>
<tr><th colspan="2">允许的高度及层数</th><th>防火分区的最大允许建筑面积（m^2）</th><th>建筑内设置自动灭火系统时增加1倍</th><th>（局部设置局部增加1倍）</th></tr>
<tr><td colspan="2">不限</td><td rowspan="3">1500</td><td rowspan="3">3000</td><td rowspan="8">体育馆、剧场的观众厅，防火分区的最大允许建筑面积可适当增加；单层公共建筑可超过24m；商店营业厅、展览厅扩大分区见表6.2；当展厅的使用有特殊要求时，可采用性能化设计方法进行防火设计；建筑中游泳池、消防水池水面，溜冰场冰面，滑雪场雪面，均可不计入防火分区面积</td></tr>
<tr><td colspan="2">住宅≤54m，公共建筑≤50m</td></tr>
<tr><td>体之间无防火墙时</td><td>裙房防火分区要按照高层建筑主体的要求确定</td></tr>
<tr><td>筑主体之间设防火墙
设施均相对独立）时</td><td>裙房防火分区可按照单、多层建筑的要求确定</td><td rowspan="2">2500</td><td rowspan="2">5000</td></tr>
<tr><td colspan="2">住宅≤27m，多层公共建筑≤24m</td></tr>
<tr><td colspan="2">最高5层</td><td>1200</td><td>2400</td></tr>
<tr><td colspan="2">最高2层</td><td>600</td><td>1200</td></tr>
<tr><td colspan="2">普通地下室</td><td>500</td><td>1000</td></tr>
<tr><td colspan="2">地下、半地下学校体育运动场所</td><td colspan="2">2000</td><td>当自然排烟口的面积不小于其室内地面面积的20%</td></tr>
<tr><td colspan="2">地下设备用房</td><td>1000</td><td>2000</td><td></td></tr>
<tr><td rowspan="2">式汽车库</td><td>地下</td><td>1300</td><td>2600</td><td rowspan="4">（汽5.1.1）复式汽车库即室内有车道且有人员停留的机械式汽车库</td></tr>
<tr><td>半地下</td><td>1625</td><td>3250</td></tr>
<tr><td rowspan="2">式汽车库</td><td>地下</td><td>2000</td><td>4000</td></tr>
<tr><td>半地下</td><td>2500</td><td>5000</td></tr>
<tr><td colspan="2">电动自行车集中停放或充电场所
设置在地下一层时</td><td>500</td><td colspan="2">有地方规范规定，针对地下电动自行车库应设置自动灭火系统，
但防火分区面积不增加，读者可自行查阅各地区当地规范</td></tr>
<tr><td colspan="5">>该房间平均净高1/2。 2. 半地下室：房间地面低于室外设计地面的平均高度>该房间平均净高的1/3，且≤1/2者。</td></tr>
</table>

判断防火分区面积主要依据建筑的防火分类和耐火等级，大体分为高层，单、多层，地下、半地下这三大类，其中一类高层和二类高层的分区面积并无区别。

规范原表的内容并不多，但在规范其他章节或其他专项规范中还有其他防火分区的规定，笔者将较常用的《汽车库、修车库、停车场设计防火规范》中的地下、半地下部分归入表中以便查阅。

电动自行车近年来大量普及，其火灾风险较高，国家规范尚未对此作出规定，但部分城市如北京已经对其车库设计制定了规范，请读者注意查阅项目地的相关地方规范。

其他专项规范中也有较多专门的规定，例如《博物馆建筑设计规范》中对各类展厅、库房等功能空间作出了非常复杂详细的分区规定。这些总量不大的建筑类型的具体规定并没有放入表中，需要时还请读者自行查阅相关专项规范。

4.2 跨层防火分区

规范默认不同楼层天然属于不同的防火分区，而跨楼层的垂直空间会造成火灾跨层、跨分区蔓延，因而这些空间就成了防范火灾蔓延的重点，如中庭、扶梯、楼梯等，要采取特别的防火分隔将其包围起来，形成单独的封闭空间，避免不同楼层的分区互相连通，否则就要累加各层的防火分区面积。

对于楼梯间，除了部分允许使用开敞楼梯间的情况，原则上都是应当封闭的。

自动扶梯与之类似，但规范没有专门叙述要如何对其进行防火分区划分，笔者认为可参照中庭的划分措施。

对于中庭，近年来已经是大型商业、文化建筑常用的空间形式，而且规模、复杂度还在提升，其防火设计的难度也较大。规范给出的防火分隔措施，如防火隔墙、防火玻璃和甲级防火门窗因为对共享大空间的商业、空间效果影响很大，都是建设方和建筑师不愿意使用的。

现实中普遍使用的是防火卷帘，但规范也指出："尽管规范未排除采取防火卷帘的方式，但考虑到防火卷帘在实际应用中存在可靠性不够高等问题，故规范对其耐火极限提出了更高要求。"笔者理解，防火卷帘的可靠性在于其是否能顺利放下而非耐火时间，提高其耐火极限其实并不能改善其防火效果，这或许

跨层防火分区 **表4.2**

<table>
<tr><td rowspan="2">上下连通开口时
（建5.3.2）</td><td colspan="3">防火分区面积按上下层相连通的建筑面积叠加计算</td></tr>
<tr><td colspan="3">叠加后总面积超出要求时，应分类采取如下措施</td></tr>
<tr><td>敞开楼梯</td><td colspan="2" rowspan="2">应划分防火分区</td><td>对于规范允许采用敞开楼梯间的建筑，可不算作上下层相连通的开口</td></tr>
<tr><td>自动扶梯</td><td>规范未明确以何方式划分，可参考中庭</td></tr>
<tr><td rowspan="9">中庭</td><td rowspan="6">防火分隔
（五种可选）</td><td colspan="2">防火隔墙</td></tr>
<tr><td colspan="2">隔热性防火玻璃墙</td></tr>
<tr><td>非隔热性防火玻璃墙</td><td>应设置自动喷水灭火系统</td></tr>
<tr><td>与中庭相连通的门窗</td><td>应采用火灾时能自行关闭的甲级防火门窗</td></tr>
<tr><td rowspan="2">防火卷帘</td><td>符合规范建6.5.3要求（即本手册表17.2）</td></tr>
<tr><td>不宜采用侧式防火卷帘</td></tr>
<tr><td>中庭应设置
排烟设施</td><td>《建筑防烟排烟系统
技术标准》GB 51251</td><td>除中庭外，建筑空间净高≤6m的场所，可设置有效面积不小于该房间建筑面积 2%的自然排烟窗（口）；净高>6m的场所由暖通专业计算确定</td></tr>
<tr><td colspan="3">高层建筑内的中庭回廊应设置自动喷水灭火+火灾自动报警系统</td></tr>
<tr><td colspan="3">中庭内不应布置可燃物</td></tr>
</table>

只能是一种无奈的妥协。考虑到大量防火卷帘同时自动落下且无故障的概率不可能太高，真正需要严格保障火灾安全的场合，还是应当尽量使用其他分隔方式。

另外一个有矛盾的地方是，规范对中庭的要求是划分防火分区，按分区要求，应当设置耐火极限为3h的防火墙，甲级防火门窗也应有类似的性能。但其他几种方式则是设1h防火隔墙和1h防火玻璃，两种标准并不统一，或许这也是一种妥协。

5. 安全出口和疏散门

如果说防火分区是防止火灾蔓延的关键，安全出口和疏散门则是火灾逃生的关键。对于安全出口和疏散门，规范规定的核心要求是：原则上，每个空间都要有2个独立的逃生方向和路径，避免单一路径被封死。

规范没有进一步解释的是，为什么是2个而不是3个或更多。笔者个人理解，虽然两个路径也并不是万无一失，但从概率上来说，2个相对于1个的提升是本质性（从单一选择到非单一选择）且巨大的（提升100%），而从2个到3个则没有本质提升（从多到更多）且提升量减小（50%）。例如，对于一般建筑物的防火分区，3组楼梯太多了。因而综合考虑成本和收益，没有必要强制3个出口。当然，规范也对小面积、低风险等特殊情况给出了只设1个出口的条文。

另外，规范没有强调，从疏散门到安全出口之间，应该是完整且独立的疏散走道，而不能穿过其他功能空间，这其实已经限定了平面交通的基本架构。

这样，每个分区设2个安全出口并以疏散走道联系2个出口和所有房间，对于平面设计的交通安排是非常关键的，需要一次性统筹好房间—走道—安全出口三个层级的整体关系。如果在后期再考虑这些平面疏散要求会非常困难。

因此，在设计过程中，需要针对每个防火分区，安排至少2个安全出口，而且要尽量分开；对每个较大的房间，也要有至少2个疏散门，也要尽量分开，以保障火灾中的人员疏散可以有至少两种选择。并且需要同时确定主要的疏散走道的形态，将安全出口和所有的房间疏散门连接起来。而针对公共建筑或是住宅，又有两套不同的规定。

依照这种逻辑组合关系，本组表格也是根据“公共建筑/住宅”×“安全出口/疏散门”×“2个/1个出口”

的统一逻辑进行整理、提炼和分组，以便于读者理解和查阅。

5.1 安全出口和疏散门设置

规范在术语中定义了安全出口，但并未定义疏散门，但在条文说明第5.5.8条中特别指出两个概念容易混淆，并进行了辨析。笔者认为这段辨析非常重要，有利于读者充分理解整个安全出口的逻辑体系，因此将其做成本组第一个表格供读者参考。

从简单意义上来说，安全出口的主要特征是通往安全区，无需在意是否是门的形式；疏散门重点在其疏散作用，即需要通往疏散体系中的一部分，并且必定是门的形式。

两者的差别看起来只在于是否通往安全区域，而实际上三类疏散门有两类都是通往安全区域的，仅有通向走道的不是，那么意味着大部分疏散门就是安全出口，这多少有些不够清晰。如条文说明提到了疏散出口的概念，但规范全文都没有对仅出现了四次的疏散出口进行解释，看起来这里所说的疏散出口应该就是疏散门的含

安全出口和疏散门设置　　表5.1

<table>
<tr><td>安全出口数量</td><td colspan="3">每个防火分区 或 一个防火分区的每个楼层不应不少于2个</td><td>自动扶梯和电梯不应计作安全疏散设施</td></tr>
<tr><td>安全出口和疏散门应分散布置</td><td colspan="4">相邻2个安全出口最近边缘之间的水平距离应≥5m</td></tr>
<tr><td rowspan="4">安全出口
（针对防火分区）</td><td rowspan="4">（建筑内）直接通向</td><td>室外</td><td>的房门</td><td rowspan="4">安全出口是疏散出口的一个特例，
不要和疏散门混淆</td></tr>
<tr><td>室外疏散楼梯</td><td rowspan="3">的出口</td></tr>
<tr><td>室内疏散楼梯间</td></tr>
<tr><td>其他安全区</td></tr>
<tr><td rowspan="3">疏散门
（针对单个房间）</td><td rowspan="3">房间直接开向</td><td>室外</td><td rowspan="3">的房门、户门或外门</td><td rowspan="3">不包括套间内的隔间门
或住宅套内的房间门</td></tr>
<tr><td>疏散楼梯间</td></tr>
<tr><td>疏散走道</td></tr>
</table>

义，条文说明的辨析在本质上只说明安全出口是疏散门的一种特例，而偏偏疏散门和安全出口重合度很高，这种区别对于我们理解规范意义并不大。

笔者认为，从规范全文的使用情况来看，应当从安全疏散的两个层级来分辨两个概念，即：安全出口主要针对防火分区，而疏散门针对房间，这两者的根本区别在于防火空间层级上的差异，在整本规范中使用都很清晰。防火分区是大尺度概念，安全出口虽然大部分都是疏散门的形式（少数是对外门洞或爬梯等），但论述防火分区时一律用安全出口概念；疏散门是小尺度概念，只有在论述房间的时候，才会使用疏散门概念，即使此门通向安全区域，也不说安全出口；而等同使用疏散门和安全出口概念的情况则出现在一个房间本身就是一整个独立防火分区的情况。

规范在条文组织中也较为清晰地将两个层级的规定分别表述，先规定公共建筑每个分区的安全出口数量，再规定公共建筑疏散门数量，但住宅建筑只规定了安全出口数量，是因为住宅的房间都只需要一个疏散门，并没有必须两个的情况。

5.2 公共建筑安全出口数量

规范在规定安全出口数量（包括后文规定疏散门数量）的条文里，主要篇幅用于规定可以只设1个出口的特例，并且词句中并未强调“2个出口为常态、1个出口为特例”的主次关系，且在特例中再次使用排除条件，这种多层否定嵌套的文风确实不利于初学者理解规范的整体逻辑体系，因而笔者重新梳理、简化了这些条文并加以归类，使之更加清晰、简洁、易懂。

对于公共建筑每个防火分区的安全出口数量（通常也就是疏散楼梯数量），大部分情况下是必须不少于2个的。只在少数情况下可以例外，而例外的情况大体根据功能类型、耐火等级、层数、面积和人数五个因素而定。功能上主要是排除了娱、老、幼、医四个经典类型（首层只排除了幼）；高度基本在3层之内（耐火四级、位于首层和地下的单列，顶部升2层和总体3层的情况本质类似，但对楼顶作了要求）；面积大部分以200m²为上限（地下只有50m²，设备间有200m²，但这些空间基本没有人；普通房间可达500m²，但需要一个爬梯）。基本上只对小尺度建筑和空间有效，在做大建筑时一般不会使用。

公共建筑安全出口的数量　　表5.2

<table>
<tr><td colspan="4">公共建筑内每个防火分区或一个防火分区的每个楼层，
其安全出口的数量应经计算确定（建5.5.8）</td><td>除下列外</td><td>不应少于2个</td></tr>
<tr><th>耐火等级及楼层</th><th>最多层数</th><th>每层最大建筑面积（m^2）</th><th>2层及以上的人数之和</th><th>备注</th><th>安全出口/疏散楼梯</th></tr>
<tr><td>耐火一、二级的公共建筑顶层的局部升高部分</td><td>升高2层</td><td>200</td><td>≤50人</td><td>主体建筑设置不少于2部疏散楼梯且上人屋面应符合人员安全疏散的要求</td><td>高出部分可设置1 部疏散楼梯，但至少应另外设置1个直通建筑主体上人平屋面的安全出口</td></tr>
<tr><td>一、二级</td><td>3层</td><td rowspan="4">200</td><td>≤50人</td><td rowspan="3">除医疗建筑、老年人设施、儿童活动场所、娱乐场所</td><td rowspan="4">可（只）设置1个安全出口</td></tr>
<tr><td>三级</td><td>3层</td><td>≤25人</td></tr>
<tr><td>四级</td><td>2层</td><td>≤15人</td></tr>
<tr><td colspan="2">单、多层公共建筑的首层</td><td>总人数≤50人</td><td>除托儿所、幼儿园外</td></tr>
<tr><td rowspan="3">地下、半地下建筑（室）</td><td>设备间防火分区</td><td>200</td><td>—</td><td rowspan="2">除歌舞娱乐放映游艺场所外</td><td rowspan="2">可（只）设置1个安全出口</td></tr>
<tr><td>其他防火分区</td><td>50</td><td>经常停留人数≤15人</td></tr>
<tr><td>埋深≤10m</td><td>500</td><td>使用人数≤30人</td><td>除人员密集场所外</td><td>当需要设置2个安全出口时，其中一个安全出口可利用直通室外的金属竖向梯</td></tr>
</table>

5.3 住宅安全出口数量

与公共建筑相反，对于住宅来说，除了一类高层，大部分情况下只有1个安全出口是更为常见的情况，2个出口才是特例。这样也可以提高得房率。即使是一类高层，也有较多使用剪刀梯的情况。至于住宅房间的疏散门，则没有要求至少2个的规定。

大体来说，住宅部分的条文更重视实际国情，有利于降低成本、提高经济性。

本表格为了更清晰、全面地表述条文规定，还是完整清楚地将住宅的三个防火分类，面积、疏散距离参数、其他条件，所有出口数量情况做了整理，方便读者系统完整地理解本组条文。

规范条文只是根据建筑高度作了分类，这三类准确地对应了单、多层，二类高层和一类高层的建筑防火分类，表格中做了加注。

单元面积的分界恰在650m²，因此，这个面积值对全国的住宅开发有一定的影响。疏散距离分为15m和10m两档，这对住宅户型设计，尤其是交通核部分及得房率有显著影响。两类六种情况就是这三个参数的排列组合。只是对二类高层增加了楼梯通往屋顶并互通和乙级防火门的条件，也算是一种折中方法。

在设计流程中更为简单，只需要盯住可只设1个出口的单、多层和二类高层的各一种情况就行，其实也都是必须同时具备单层面积小和疏散距离短这两个条件，其他所有情况都是2个出口，通常只在做一类高层的时候才会考虑。

5.4 借用安全出口

针对公共建筑，规范还提供了借用安全出口的条文，理论上借用相邻分区的安全出口可以同时解决安全出口数量、疏散宽度、疏散距离三个主要方面的困难。

但实际设计中，由于借用的疏散宽度只有30%，而且不计入总量，并不能减少本层总的楼梯宽度，因而此方面的价值不大。借用出口数量则是比较有价值的，尤其对于总人数不多的情况，甚至可以每两个分区减少一部楼梯，这给平面布局带来不小的灵活性，特别是在直接对外出口受限的情况下。

需要注意的是，在《汽车库、修车库、停车场设计防火规范》里特地规定不可以利用此条减少安全出口数

住宅安全出口数量（每个单元每层） 表5.3

建筑高度H（m）	每个单元任一层建筑面积	任一户门至最近安全出口的距离（m）	且须满足的其他条件	出口数量
H≤27（≤9层，单、多层住宅）（建5.5.25）	≤650	≤15	—	可（只）设1个出口
	>650	—		需要2个出口
	—	>15		
27<H≤54（10～18层，二类高层住宅）（建5.5.26）	≤650	≤10	各单元的疏散楼梯通屋面且通过屋面连通	每单元可（只）设置1部疏散楼梯
			户门采用乙级防火门	
	>650	—	—	需要2个出口
	—	>10		
H>54（19层以上，一类高层住宅）（建5.5.25）	—	—	—	全都需要2个出口
注：每个住宅单元每层，相邻2个安全出口或每个（双出口）房间相邻2个疏散门，最近边缘之间的水平距离应≥5m。				

借用安全出口 表5.4

公共建筑内的安全出口全部直通室外确有困难的防火分区，可借用相邻防火分区的甲级防火门作为安全出口（借用内容：出口数量，疏散宽度，疏散距离）			
耐火等级	建筑面积（m^2）	直通室外安全出口最少数量	疏散宽度
一、二级	>1000	2个	各层直通室外的安全出口总净宽度应不小于按照规定计算所需疏散总净宽度，借用相邻分区的安全出口宽度不可计入楼层总疏散宽度
	≤1000	1个	借用相邻分区的疏散宽度应不大于按规定计算所需疏散总宽的30%，但Ⅰ、Ⅱ、Ⅲ类汽车库每分区至少2个，不可减少
注：办公综合楼内办公部分不应与同层对外营业的商场、营业厅、娱乐、餐饮等人员密集场所共用安全出口。			

量，在《建筑设计防火规范》中没有提及，笔者将其归入表中以免遗忘。

借用安全出口最有价值的是解决某些角落疏散距离不足的情况，虽然不能减少楼梯数量和宽度，但楼梯的位置相对灵活。

另外在办公楼规范中还规定了办公不能与同层人员密集场所共用安全出口，此情况较常见，需予以注意。

5.5 公共建筑房间的疏散门数量

公共建筑内的房间的疏散门数量，逻辑上同样以2个为常态，1个是特例。本表格同样以正向参数组合方式对条文规定进行了简化整理。

但与安全出口的特例要求不同，房间可以只开1个疏散门的标准较为宽松，大部分其他建筑120m²以下的房间都可以只开1个疏散门，这个面积并不算小，因而本条还是经常可以用到的。

但本规定也存在疑问：对于其他建筑，既然连位于走道尽端的房间都可以有条件做到200m²，那么位于走道两侧的房间，条文中只规定了120m²无其他条件可开1个门，是否也可以有条件做到200m²并只开1个门呢？按逻辑应当是可以的，但条文没有提及，也就无法确定，此问题还需读者自行判断或咨询有关部门专家。

另一个值得注意的问题是本部分对房间位置的分类，分作“走道尽端”和“两个安全出口之间或袋形走道两侧”这两种，而非其他条文常用的“袋形走道两侧或尽端”和“两个安全出口之间”的两类。按照本部分条文所述，走道尽端是最不利的，而袋形走道两侧则相对安全。看起来这样也合理，但如果考虑到袋形走道可长可短，那么长走道的两侧一定会比短走道的尽端更安全吗？显然不是。笔者不能确定其原因。如果再深究的话，假设在两个楼梯之间的走道上再垂直伸出一段袋形走道（即丁字形走道），那这段走道是否算规范提及的袋形走道呢？其尽端是否也算袋形走道尽端？比起两个楼梯之外的袋形走道长短，这个问题更复杂。

笔者理解，本部分条文只规定了走道尽端，不涉及是否为袋形走道，所以不论怎么定义袋形走道，走道尽端并无歧义，无论是否合理，对执行本规定无影响。

但对于疏散距离计算，丁字形走道就影响很大。虽然规范原文并未涉及，但在中国建筑标准设计研究院编

<table>
<tr><th colspan="5">公共建筑房间的疏散门数量</th><th>表5.5</th></tr>
<tr><td colspan="2">公共建筑内房间的疏散门数量（建5.5.15）</td><td>应经计算确定</td><td colspan="2">除下列情况外</td><td>不应少于2个</td></tr>
<tr><th>功能</th><th>位置</th><th>最大建筑面积（m²）</th><th colspan="2">且同时满足</th><td rowspan="10">可（只）设置1个疏散门</td></tr>
<tr><td>老年人照料设施</td><td>按照住宅单元进行布置时</td><td>—</td><td colspan="2">每套使用人员不超过3人时</td></tr>
<tr><td>托儿所、幼儿园、
老年人照料设施</td><td rowspan="3">位于2个安全出口之间
或袋形走道两侧的房间</td><td>50</td><td colspan="2" rowspan="2">如位于袋形走道尽端房间时则没有例外</td></tr>
<tr><td>医疗建筑、教学建筑</td><td>75</td></tr>
<tr><td rowspan="3">其他建筑</td><td>120</td><td colspan="2">—</td></tr>
<tr><td rowspan="2">位于袋形走道尽端的房间</td><td>50</td><td>—</td><td>疏散门的
净宽度
≥0.90m</td></tr>
<tr><td>200</td><td>房间内任一点至疏散门的
直线距离≤15m</td><td>疏散门
的净宽度
≥1.40m</td></tr>
<tr><td>歌舞娱乐放映游艺场所</td><td>内部的厅（室）</td><td>50</td><td colspan="2" rowspan="2">经常停留人数≤15人</td></tr>
<tr><td rowspan="2">地下、半地下建筑（室）</td><td>其他房间</td><td>50</td></tr>
<tr><td>设备间</td><td>200</td><td colspan="2">—</td></tr>
</table>

写出版的《建筑设计防火规范图示》中，分析了这种情况，并给出了计算疏散距离的方法，即考虑最不利的情况（从交叉口往袋形部分走来回再到最远端楼梯），总疏散距离仍要小于44m。这一方法是符合疏散计算原理的，但规范全文并未解释此原理，也是有必要改进的地方。需补充此原理，才能应对多种复杂平面的疏散问题。

6. 特殊功能平面

住宅与其他功能合建的情况以及人员密集场所，在平面设计层面与一般民用建筑有较大不同，但这两类情况并不属于某种特定的建筑功能类型，而且也经常出现在建筑师日常的建筑设计工作中，因此本组表格没有归入第四部分特殊类型中，而是放在通用的平面设计部分。

规范对这两种情况单独作出规定，是因为两者的火灾危险性和一般民用建筑有较大差别。其中住宅与其他功能合建，是因为住宅本身的建设量非常大，而合建的情况也非常普遍，同时合建功能中常见的商业网点本身的火灾危险性也大，因而需要单独规定。人员密集场所则是消防法和规范规定的重点空间，其火灾危险性大、疏散救援难度大，容易造成社会的重大损失，而且在商业、办公、教育、餐饮等大量建筑类型中普遍存在，因此规范也对此重点进行了规定。

由于这些规定主要集中在防火分区划分、疏散设施布置、防火机电设备标准等多个方面，条文相对琐碎复杂，容易发生遗漏，也较难形成系统性理解。建筑设计中遇到这两种情况，需要利用本表对这些单独规定进行专门核对，避免遗漏。

6.1 住宅与其他功能合建

住宅与其他功能合建的防火问题要点有两个：

首先是在各个方面将两种功能进行充分的防火隔离，这也是本部分规范中主要的强制性条文。无论哪种功能，合建时都要分别独立设置安全出口和疏散楼梯。

住宅与其他功能合建

住宅与其他功能场所空间组合在同一座建筑内时，需采取防火措施完全分隔（建5.4.10、建5.4.11）	水平
	垂直
	疏散设 互
商业服务网点和住宅合建	
商业小型营业性用房	
楼层	
商业用房需分成若干分隔单元	每个分隔 防火隔
	每个分隔单 近直通室外
应按公共建筑性质设计的内	
应按住宅建筑性质设计的内	
非商业服务网点和住宅合建	
合建的汽车库楼梯	
应按公共建筑性质设计的内容	根据非 建筑
	按建筑
应按住宅建筑性质设计的内容	按住宅

表6.1

	住宅建筑的火灾危险性与其他功能的建筑有较大差别，一般需独立建造	
分隔	住宅为多层（≤27m）时，用无门窗洞口的防火隔墙	住宅为高层（>27m）时，用无门窗洞口的防火墙
分隔	采用不燃性楼板	建筑立面开口位置的上下楼层分隔处采用防火挑檐、窗间墙等防止火灾蔓延，符合建6.2.5
相互独立 通	安全出口应分别独立设置	
	疏散楼梯应分别独立设置	
	百货店、副食店、粮店、邮政所、储蓄所、理发店、洗衣店、药店、洗车店、餐饮店	
	首层或二层	
之间应采用 三分隔	每个分隔单元的建筑面积≤300m²	
	当每个分隔单元任一层建筑面积>200m² 时，该层应设置2 个安全出口或疏散门	
为任一点至最 口的直线距离	不应大于多层其他建筑位于袋形走道两侧或尽端的疏散门至最近安全出口的最大直线距离（22m，有喷淋为27.5m）	
	2层商业服务网点的疏散距离为二层任一点到室内楼梯二层口、室内楼梯自身距离、 室内楼梯首层口到室外的三段距离之和，其中室内楼梯的距离按其水平投影长度的1.50倍计算	
	商业服务网点的疏散出口、疏散走道和疏散楼梯的净宽度	
	住宅部分的设计要求要根据该建筑的总高度来确定	
	为住宅部分服务的地上车库应设独立的疏散楼梯或安全出口	
	地下车库的疏散楼梯与地上部分不应共用楼梯间	确需共用时应在首层采用防火隔墙（门）将地上、地下完全分隔，符合建6.4.4
	与住宅地下室相连通的地下汽车库可借用住宅的疏散楼梯	不能直通住宅疏散楼梯间时可设连通走道，走道以防火门和防火隔墙与车库相分隔
部分的 设计	非住宅部分的安全疏散、防火分区、室内消防设施配置	
	非住宅部分的疏散楼梯、安全出口和疏散门要求，防火分区划分，室内消火栓、自动灭火、自动报警、防烟排烟系统等的设置	
度设计	与邻近建筑的防火间距、消防车道和救援场地的布置、室外消防给水系统、室外消防用水量、消防电源的负荷等级等	
	住宅部分疏散楼梯间内防烟与排烟系统的设置	
高度设计	住宅部分的安全疏散、防火分区、室内消防设施配置（其他防火设计应根据总高度、规模和公共建筑规定执行）	

其次是需要合建的两种功能的防火要求原本不同，合建时各自分别适用于哪些条文需要作出具体规定，以免设计人无所适从。

与住宅合建的其他建筑，按规定分为商业网点和非商业网点。笔者理解是因为商业网点是常见类型中火灾危险性最大的，其他类型则相对简单。

商业服务网点合建对商业部分作了较多限制，以保障整体仍然可以按住宅对待。常见的住宅区沿街商业门面房多为此类。其中分隔单元的二层疏散要特别注意，比起更早版本的规范要求更加严格，很多时候需要增加二层疏散走廊才能满足要求。

对于各自适用的防火规定，值得注意的是，住宅部分的设计要求需按总高度来确定，而非住宅部分的局部高度。这也意味着，即使住宅可以直接落在商铺顶层并从商铺屋顶逃生，也不能忽略商铺部分的高度。

非商业网点合建额外对合建的汽车库作出了规定，这也是因为住宅普遍附带车库，是最主要的与住宅合建的功能之一。其中地上车库仍设置独立的安全出口和疏散楼梯，但对地下车库则允许与住宅合用疏散楼梯，在《汽车库、修车库、停车场设计防火规范》中也明确了合用的要求。比照其他条款，笔者理解，这一条或可解释为地上、地下的关系不算严格意义上的合建，地上、地下楼梯间只要严格分隔，也不算直接共用，因而与不可共用楼梯的条文不矛盾。

对于各自适用的防火规定，值得注意的是，住宅部分的楼梯间防烟排烟是按总高度设计的。其他如建筑整体总平面层面的防火间距、消防车道和救援场地、室外消防用水等也按总高度设计则比较容易理解。其他内容基本是两部分各自按自身性质设计。

6.2 人员密集场所

人员密集场所的防火规定是特别重要且规范中叙述也特别混杂的部分，虽然大体来说，还是基本能够意会的统一概念，也有基本类似的规定，但其相关条文分散在多个章节，查阅起来非常不便，其中的整体逻辑一致性难以体现。对此笔者将这些分散的条文统一整理，但并未刻意合并其详细内容，保留了规范中多种多样的相似名词概念和叙述方式，以便读者自行取舍判断。

对人员密集场所的额外防火规定，基本上包括位置选择、分区面积、疏散距离三个方面，具体规定也主要依据耐火等级和楼层位置作出。笔者将其按此思路整理成形式相似的三部分表格，以便形成整体性的理解，查阅也更为方便。

人员密集场所既包括独立的建筑物，也包括具体的建筑房间，而且局部房间的情况更多一些，毕竟整个建筑均为人员密集场所的情况并不多。

具体房间中，重点在商店营业厅和展览厅，且此展览厅更偏于会展建筑的商业临时性展览，而博物馆类的展厅则在博物馆规范里有单独的要求，并不与这里的展览厅混淆。

对于营业厅和展览厅，出于实际建筑需要，特地增大了其防火分区的面积，同时相应地提升了其他防火要求，且不允许增大疏散距离，设餐饮的营业厅也不可按此放大分区。有一个细节是，防火规范并未在此提及排烟设施，但《展览建筑设计规范》则专门就地下扩大分区的情况，单独提出需设排烟设施。

需要重点注意的，在第5.5.1条安全出口的规范原文中，第4点对此类人员密集厅室的疏散规定是比较严格的，基本上需要自带疏散楼梯间或离楼梯间非常近。但这样对于有大量小商铺的商业综合体显然并不合理，也很难做到每户都自带或靠近楼梯。因此笔者理解，条文中“疏散门或安全出口不少于2 个的观众厅……”的描述，并非简单陈述或规定，而是本条款生效的前提条件，即只有“按5.5.15规定（本书表5.5）出口必须不少于2个”的房间（也就是比较大的房间）才有此要求，而并非意味着只要开了2个出口，就必须按此条执行疏散楼梯间的距离。笔者将此条调整了条件用词放入本表格中。

另外本条规定也在条文说明中专门排除了观演建筑的主要观赏大厅及娱乐场所，因为这些厅室另有专门的条文，本书将其归入第四部分特殊类型中，不在此处归集。

规范还对人员密集场所的出入口、疏散门、疏散楼梯及室外场地的最小宽度作了规定，同时在宿舍规范和商店建筑规范里也有进一步的规定，本表格将其纳入以便查阅。同时，规范数十次提及人员密集场所的各项条文中，只有本条对其详细定义作了描述，因此本表将定义分项列出，并与《消防法》中给出的定义进行对应比较（《人员密集场所消防安全管理》中的定义与之完全相同），方便读者查阅和理解。但具体执行时如有不能确定的地方，还需咨询当地消防审查部门。

人员密集场所

位置选择		高层建筑	
		一、二级耐火	一、
教学建筑、食堂、菜市场（建5.4.6） 商店建筑、展览建筑（建5.4.3）	独立建筑时	无限制。 当大型商店的营业厅设置在五层及以上时，应设置不少于2个直通屋顶 屋顶平台上无障碍物的避难面积不宜小于最大营业层建筑面	
	设置在建筑内时		
会议厅、多功能厅等	宜布置在	首层、二层或三层	
	确需布置在其他楼层时	每个厅、室的疏散门不应少于2个，且建筑面积宜≤400m	
	备注	应设置火灾自动报警系统及自动灭火系统	

防火分区最大面积		高层建筑	
		一、二级耐火	一、
商店营业厅、展览厅（建5.3.4）	设置单独防火分区+自动灭火+报警系统+不燃/难燃装修材料	—	设置在单层建筑或 （包括与高层建筑主体
		$4000m^2$	10000
	内部不宜直接设置客、货电梯		
	当营业厅内设置餐饮场所时	防火分	
	营业厅的建筑面积	既包括营业厅内展示货架、柜台、走道等顾 对于进行了严格的防火分隔，且疏散时无需	

表6.2

多层建筑			地下或半地下
耐火	三级耐火	四级耐火	一级耐火
的疏散楼梯间。 50%	不超过2层	应为单层	宜设置在地下一层（未禁止设置在地下二层）；不应设置在地下三层及以下，或埋深大于10m的楼层；不应经营、储存和展示甲、乙类火灾危险性物品（建5.4.3）
	应布置在首层或二层	应布置在首层	
	不应布置在三层及以上楼层	—	

多层建筑			地下或半地下
耐火	三级耐火	四级耐火	一级耐火
多层建筑首层内时 防火墙分隔的裙房）	—		地下或半地下设排烟设施时
			$2000m^2$
要尽量设置电梯间或设置在公共走道内，并设置候梯厅			
建筑面积需要按照民用建筑其他功能的防火分区要求划分，并要与其他商业营业厅进行防火分隔			
与购物的场所，也包括营业厅内的卫生间、楼梯间、自动扶梯等的建筑面积 营业厅内的仓储、设备房、工具间、办公室等，可不计入营业厅的建筑面积			不应经营、储存和展示甲、乙类火灾危险性物品

观众厅、展览厅、多功能厅、餐厅、营业厅等（建5.5.17）	安全出口	
	当其疏散门或安全出口按规范不可少于2个时（即不满足本书表5.5中可以只开1个安全出口的条件时）	一、二级耐火等级
		疏散门要直通室外地面或疏散楼梯间，室内任一点
		当疏散门不能直通室外地面或疏散楼梯间时，设疏散
	包括开敞式办公区、会议报告厅、宴会厅、观	
人员密集的公共场所、观众厅	疏散宽度	疏散门、直接对外的安全出口、通向楼梯间的门
	各部位疏散设施的净宽度	≥1.40m 疏散门不应设门槛，剧场、电影院等的观众厅尽量采用坡道；紧靠 （教学建筑为1.5m）范围内不应设踏步

人员密				
建5.5.19条文说明	人员密集的公共场所：主要指面积较大、同一时间聚集人数较多的场所	医院的门诊大厅	营业厅、观众厅	礼堂、电影院、剧
《消防法》第七十三条，同《人员密集场所消防安全管理》GB/T 40248—2021	人员密集场所：包括公共聚集场所（见下）和其他场所（见右）	医院的门诊楼、病房楼	养老院、福利院，托儿所、幼儿园	公共图书馆的阅 博物
	公众聚集场所：面对公众开放，具有商业经营性质的室内场所	商场、集贸市场	宾馆、饭店	体育场（馆）

续表

疏散距离		
内	无自动灭火系统	有自动喷水灭火系统
近疏散门、安全出口的最大直线距离	30m	37.5m
最近安全出口的疏散走道，最大长度	10m	12.5m
筑的序厅、体育建筑的入场等候与休息厅等，不包括用作舞厅、娱乐场所的多功能厅等		

	疏散楼梯	室外疏散通道和场地
外各1.4m	商店营业区的专用疏散梯：1.2m；公用楼梯和室外疏散梯：1.4m	室外疏散通道≥3.0m，并应直通宽敞地带， 出口临街的公共建筑退足红线以保证疏散缓冲

所定义			
育场馆的观众厅	公共娱乐场所中的 出入大厅、舞厅	—	候机厅、候车厅、候船厅
、公共展览馆、 展示厅	旅游、宗教活动场所	学校的教学楼、图书馆、食堂、集体宿舍	劳动密集型企业的生产加工车间和员工集体宿舍
堂	公共娱乐场所	—	客运车站候车室、客运码头候船厅、民用机场航站楼

第三部分　详细平面

7.　安全疏散距离
8.　疏散宽度和人数
9.　疏散楼梯间
10.　其他疏散组件
11.　屋顶和立面的防火分隔

详细平面部分共5组10张表格，主要包括：安全疏散距离，共计2张表格；疏散宽度和人数，共计3张表格；疏散楼梯间，共计2张表格；其他疏散组件，共计2张表格；屋顶和立面的防火分隔，共计1张表格。

本部分表格汇总了规范中所有关于详细平面设计（及立面屋顶）的条文，主要针对疏散交通系统的详细尺寸控制，其中核心要点是疏散走道的长度、疏散宽度和疏散楼梯间的选项设计。而疏散宽度的计算，需要通过规范规定的人员密度指标和方案设计中的具体面积，计算出需要疏散的人数，进而根据规范规定的百人宽度计算出疏散宽度。

规范原文虽然只是规定了长度、宽度和楼梯间的防烟要求，但实际上对建筑平面的整体布局和主要尺寸设计都有重大的影响：大型公共建筑往往需要设置大量的楼梯间，既需要满足疏散距离，也要满足疏散宽度，再加上消防电梯和前室的要求，其平面尺寸和交通组织因而更加复杂。住宅建筑因为要精打细算，楼梯间、电梯井及前室的精确尺寸对核心筒布局、得房率，甚至高度、层数和单元户型都有显著影响。

楼梯间的水电暖井道、救援窗等其他防火构件也对平面布局有明显的影响。

至于立面和屋顶，则不能忽略楼层间和分区间的防火间隔措施的影响，如果被施工图设计师忽视，容易违反强制性条文。更重要的是，立面防火设计会对外立面造型有显著的影响，在概念方案阶段就应充分考虑。

另外，虽然是详细平面的设计规定，但有时候也会反过来影响防火分区和出入口的大尺度的平面设计，这是值得注意的。

或者说，本汇总表的各相邻篇章之间，都有密切的联系，不能完全割裂开来。

7. 安全疏散距离

安全疏散距离是控制安全疏散设计的基本要素。规范指出，疏散距离越短，人员的疏散过程越安全。因此，本组规范的基本思路是限制建筑物中火灾疏散逃生过程所需经过的距离，以保障疏散的安全性。因而规范针对不同的建筑类型中人员的逃生能力和走道及其防火设备的综合防火能力，给出了不同的距离限制。

有观点认为，这个距离是普通人憋一口气所能跑出的距离，以避免有毒烟雾伤害，但规范原文未有记载。

住宅和公共建筑的数据实际上完全一致，笔者因此作了整合。汽车库规范对疏散距离有更宽松的规定，常用且为强制性条文，也被纳入本表。

为了避免表格过于复杂，笔者删去了三、四级耐火的数值，有需要的读者还需自行查看规范原文。

7.1 走道的安全疏散距离

表中走道安全疏散距离的确定基于三方面因素：左侧竖栏是各种建筑功能类型及其高度，决定了其中的人员疏散能力；横栏则基于房间门与安全出口的关系，是

走道的安全疏散距离（仅涉及一、二级耐火建筑）（单位：m）

建筑类型			基准距离	自动灭火系统（1.25倍）	敞开外（+5m
托儿所、幼儿园老年人建筑			25	31.25	30
歌舞娱乐放映游艺场所			25	31.25	30
医疗建筑	高层	病房部分	24	30	29
		其他部分	30	37.5	35
	单、多层		35	43.75	40
教学建筑	高层		30	37.5	35
	单、多层		35	43.75	40
高层旅馆、公寓、展览建筑			30	37.5	35
住宅和其他建筑（建5.5.29）	高层		40	50	45
	单、多层				
疏散楼梯间、前室和消防电梯前室不能在首层直通室外时			形成扩大楼梯间、前室、防		
			当建筑≤4 层且未扩大楼梯间		
室外安全区域					
室内安全区			符合规范规定的避难层、避		

表7.1

<table>
<tr><td colspan="9">全出口：供人员安全疏散用的楼梯间、室外楼梯的出入口，或直通室内、外安全区域的出口</td></tr>
<tr><td colspan="9">通疏散走道的房间疏散门至最近安全出口的最大直线距离（建5.5.17）</td></tr>
<tr><td colspan="3">于两个安全出口之间的疏散门</td><td colspan="6">位于袋形走道两侧或尽端的疏散门</td></tr>
<tr><td>开楼梯
−5m）</td><td>自动灭火+敞开外廊
（1.25倍+5m）</td><td>自动灭火+敞开楼梯间（1.25倍−5m）</td><td>基准距离</td><td>自动灭火系统（1.25倍）</td><td>敞开外廊（+5m）</td><td>敞开楼梯间（−2m）</td><td>自动灭火+敞开外廊
（1.25倍+5m）</td><td>自动灭火+敞开楼梯间（1.25倍−2m）</td></tr>
<tr><td>20</td><td>36.25</td><td>26.25</td><td>20</td><td>25</td><td>25</td><td>18</td><td>30</td><td>23</td></tr>
<tr><td>20</td><td>36.25</td><td>26.25</td><td>9</td><td>11.25</td><td>14</td><td>7</td><td>16.25</td><td>9.25</td></tr>
<tr><td>19</td><td>35</td><td>25</td><td>12</td><td>15</td><td>17</td><td>10</td><td>20</td><td>13</td></tr>
<tr><td>25</td><td>42.5</td><td>32.5</td><td>15</td><td>18.75</td><td>20</td><td>13</td><td>23.75</td><td>16.75</td></tr>
<tr><td>30</td><td>48.75</td><td>38.75</td><td>20</td><td>25</td><td>25</td><td>18</td><td>30</td><td>23</td></tr>
<tr><td>25</td><td>42.5</td><td>32.5</td><td>15</td><td>18.75</td><td>20</td><td>13</td><td>23.75</td><td>16.75</td></tr>
<tr><td>30</td><td>48.75</td><td>38.75</td><td>22</td><td>27.5</td><td>27</td><td>20</td><td>32.5</td><td>25.5</td></tr>
<tr><td>25</td><td>42.5</td><td>32.5</td><td>15</td><td>18.75</td><td>20</td><td>13</td><td>23.75</td><td>16.75</td></tr>
<tr><td rowspan="2">35</td><td rowspan="2">55</td><td rowspan="2">45</td><td>20</td><td>25</td><td>25</td><td>18</td><td>30</td><td>23</td></tr>
<tr><td>22</td><td>27.5</td><td>27</td><td>20</td><td>32.5</td><td>25.5</td></tr>
<tr><td>道时</td><td colspan="2">通道长度≤30m（建5.5.29、建7.3.5）</td><td colspan="2" rowspan="2">汽车库（汽6.0.6）</td><td rowspan="2">45</td><td rowspan="2">60</td><td colspan="2" rowspan="2">对于单层或设在建筑首层的汽车库，不论是否设置自动灭火，均不应大于60m</td></tr>
<tr><td>室时</td><td colspan="2">楼梯间距出口≤15m 处</td></tr>
<tr><td colspan="9">室外地面、符合疏散要求并具有直接到达地面设施的上人屋面、平台，以及符合规范建6.6.4条的天桥、连廊等</td></tr>
<tr><td>道等</td><td colspan="8">避难走道虽为室内安全区，但其安全性能仍有别于室外，因此安全出口要尽量避免通过避难走道再疏散到室外地面</td></tr>
</table>

两个安全出口之间还是袋形走道上，这决定了逃生是否有选择，以及是否会跑错方向。横栏的具体因素则是自动灭火、敞开外廊、敞开楼梯间等，这决定了疏散走道自身的安全性。针对三种因素，本表将其增减距离的常见情况作了计算和整合，以方便直接查阅，敞开楼梯间和敞开外廊相互抵减的情况较简单，读者可自己计算。

其中《汽车库、修车库、停车场设计防火规范》规定，设自动灭火时，疏散距离增加的是1/3而非本规范的25%，首层车库不需喷淋也按60m计，这是和其他建筑不一样的地方。

条文没有解释袋形走道的安全距离是如何制定的。从有关资料可知，袋形走道的距离是依据逃生时最不利的情况，即走错方向再返回到安全出口时，总疏散距离不超过两个安全出口之间疏散门的最大安全距离，因此实际逃生路线最长可达袋形走道长度的两倍，进而推导出袋形走道长度不应超过最大安全距离的一半。这个逻辑较为合理，但实际上表格中不同类型建筑的袋形走道的安全疏散距离并不是两个出口之间疏散门距离的一半，笔者理解是在一半的基础上，针对建筑类型做了增减。

规范给出的安全疏散距离的规定和增减计算，在整体上是符合逻辑且自洽的，但其数值差异是否真正精准地体现了真实情况的差异，则不必苛求，也不可能绝对准确合理地作出规定，我们只需要理解其原理并严格查表执行即可。

本部分规范的条文说明还专门解释了室外安全区域和室内安全区域的概念并举例，指出了避难走道并非绝对的安全区域，这是理解安全出口和疏散设计的基础，值得注意。

7.2 房间内的安全疏散距离

房间内任一点到疏散门的安全距离规定，完全与走道安全距离的规定论述一致，并且直接采用了袋形走道内疏散门到安全出口距离的同样数值。笔者理解，其逻辑应该在于房间内的空间更接近于袋形走道而非两出口之间的情况，因此取其数值。但本质上这两个距离不是同一概念，而且可以叠加两段距离获得最终疏散距离。

住宅的室内疏散距离同样与其他公共建筑数值相同，笔者予以归并。《汽车库、修车库、停车场设计防火规范》是参照丁类厂房而定，由于无走廊概念，两表中按同样形式列出。

房间内的安全疏散距离（仅涉及一、二级耐火建筑）（单位：m）　　表7.2

建筑类型			基准距离	有自动灭火系统（1.25倍）
托儿所、幼儿园、老年人建筑			20	25
歌舞娱乐放映游艺场所			9	11.25
医疗建筑	高层	病房部分	12	15
		其他部分	15	18.75
	单、多层		20	25
教学建筑	高层		15	18.75
	单、多层		22	27.5
高层旅馆、公寓、展览建筑			15	18.75
住宅和其他建筑（建5.5.29）	高层		20	25
	单、多层		22	27.5
汽车库（参照丁类厂房）	非首层单层		45	60
	单层或首层内的		60	
跃廊式住宅	小楼梯的距离按梯段总长		水平投影长度按1.50倍计算	
跃层式住宅	户内楼梯的距离按单梯段			

注：房间内任一点至房间直通疏散走道的疏散门的直线距离应小于等于袋形走道两侧或尽端疏散门至最近安全出口的最大直线距离（建5.5.17）

跃廊式住宅并不常见，其本质相当于共用户内楼梯的跃层式住宅，因而规范专门规定其疏散距离需从户门算起，直到疏散楼梯，而非从共用小楼梯算到疏散楼梯。

对于跃层式和跃廊式住宅，规范还规定了楼梯部分的疏散距离计算，注意两者算法并不相同：跃廊式与商业网点的内楼梯算法相同，取梯段总长的投影；跃层式为简化计算，特别规定只取一个梯段长的投影。这一点也值得注意。

8. 疏散宽度和人数

安全疏散对建筑空间的要求首先在于其疏散宽度，即从房间开始到最终安全区域结束，中途需经过的“疏散门—疏散走道—安全出口（或楼梯间的门）—疏散楼梯—楼梯间首层疏散（外）门”这一系列五种疏散交通设施的宽度。这五种疏散设施宽度的确定，需要依据整个建筑各层、各防火分区的布置情况，同时也需要结合建筑物本身功能和交通的使用需求，因而整个疏散体系必然呈现出三维立体的空间线路关系，其中人员的疏散行为呈现出类似流体的特征，需要针对其人数、宽度、人流股数、方向、线路、时序等各种相互连通流动的因素，对各部分的宽度进行统筹配置，以确保真实疏散时的顺畅和安全。

本组规范的主要规定集中在最终的疏散宽度如何确定方面，其基本思路是：

• 根据建筑功能查表或专项规范，确定人员密度；

• 根据每部分的人员密度和对应面积，计算每部分疏散人数：

疏散人数=人员密度×功能区面积；

• 根据每防火分区各部分疏散人数计算本分区总疏散人数：

总疏散人数=本分区各部分疏散人数之和；

• 根据每分区总疏散人数和百人宽度，计算本分区总疏散宽度，并分配给本分区的各安全出口和疏散楼梯间：

总疏散宽度=总疏散人数×百人宽度/100，且

总疏散宽度≤本层对外安全出口及疏散楼梯间宽度之和；

• 最后根据各层总疏散宽度的最大值，确定首层对外疏散宽度：

首层对外疏散宽度≥各层总疏散宽度中的最大值，同理，疏散楼梯间首层出口宽度≥各层出口宽度中的最大值。

同时，各房间和功能区的疏散门和疏散走道宽度，也需要满足其对应疏散人数算出的总宽度。

由于房间可以有两个疏散门，各功能区也可以有多个疏散走道，各防火分区也有多个安全出口，且存在分区间借用出口的情况，人员疏散时如何利用这些出口并不容易确定。

因此，规范明确规定了分配总疏散宽度时，要根据人流股数仔细调整校核，尽量均匀且满足条文要求。毕竟各种建筑的疏散交通体系千变万化，规范也只能作出

原则性规定和最低限度要求，诸如各类设施之间、各楼层之间的疏散宽度匹配。但也只是基本的数值大小关系，不能代替详细的疏散设计。

笔者认为，各疏散设施的宽度分配，不但要满足各分区、各层的总疏散宽度要求，还需要结合整体疏散交通体系的特点，将各级空间的各部分人流，安全、合理地组合、分配给不同的疏散路线，进而合理控制各部位的疏散宽度。

并且，疏散体系应当尽量简单明确，才能够易于识别和使用。规范也规定了疏散楼梯在各层不应改变位置，以便疏散路线更加简单可靠。简单可靠的疏散体系对于实际功能使用很有帮助，而出于商业或艺术效果的复杂交通体系应当与防火疏散体系分别设置，避免混淆。

8.1　最小疏散宽度

无论疏散人数如何，疏散宽度都有一个最小值，规范中主要针对建筑功能类型、部位和走道单双面对其进行了规定，在人员密度较低的建筑和房间里，其最终采用的实际疏散宽度往往由此表格中的下限尺寸决定。

表格的左侧竖列列出了主要建筑功能类型，右侧四列是规范主要规定的首层外门、疏散门或安全出口、疏散楼梯和疏散走道四种主要疏散设施，四者之间存在相互连接的关系，因而规范强调要注意它们之间的匹配。

规范指出，走道通常较宽，根据表格也能发现，疏散楼梯次之，疏散门最窄，而首层疏散门则与疏散楼梯相当或略大，笔者理解是因为通向走道的房间和人数最多，而同一走道则至少通向两个疏散楼梯，疏散楼梯通常和首层疏散门等宽，这四者的大小关系也在表格中有显著体现。值得注意的是，以此逻辑，单、多层公共建筑的首层外门最小净宽本应为1.1m，但由于规范并未对此作专门规定，所以可按0.9m执行，请读者注意判断。

本表格除了将规范中的住宅和公共建筑部分进行了归纳整合外，还对一些常见建筑类型的专项规范作了梳理，其中对最小疏散宽度有规定的主要是办公、宿舍、中小学教室和商店，也都与本规范相匹配。只有中小学专门规定了需设计为0.6的整数倍，以避免儿童在半人流股数的情况下抢行造成事故，这一点涉及人流股数的典型运用，值得注意。

商店建筑专项规范针对其不同的空间类型、货架形式的通道宽度作了非常细致复杂的规定，展览建筑规范也针对其功能作了相应的规定，但性质上与疏散宽度不同，因而本表不再列入，遇到相关设计时需读者自行查阅专项建筑设计规范。（商店营业厅、展览厅等人员密集场所的通用规定在本书表6.2中。）

8.2 百人疏散宽度

在规范中，百人疏散宽度的规定主要受建筑楼层高度、耐火等级和使用功能性质的影响，相应取不同的数值，大体围绕“百人一米”的基准值浮动。楼层越高、耐火越低则百人宽度越大，以增加疏散能力。

对于人员密集场所和娱乐场所，规范则直接规定按1.0计算。在中小学、宿舍、高层建筑的专项规范中，还专门规定了更大的百人宽度。规范原文并未单独规定高层建筑的低层部分或裙房部分疏散宽度指标，展览建筑规范却对高层建筑的其他空间作了1.0的规定，但展览规范版本较老（2010年），因此仅提出供读者参考。

规范以强制性条文强调，首层外门总宽度要按人数最多的一层计算，这基于简单的逻辑推演，当然是正确的；但如果仔细分析的话，其前提是所有楼层均通过首层疏散，且所有首层外门都能用于楼上人员的疏散，否则就会出现例外的情况。所以最终合理的疏散宽度计算还需结合整个建筑真实的疏散路线进行分配校核，这也是规范中反复强调的基本原则。

8.3 疏散人员密度

规范中的疏散人员密度取决于建筑的使用功能、楼层高度、房间大小等多种条件，是计算总疏散人数的关键参数。

但因为实际情况的复杂性，建筑中的人数计算往往容易产生争议。规范原文只规定了部分情况的人员密度，具体人员密度还需要查阅具体的建筑类型专项规范，以作为防火计算的依据。笔者对一些常见建筑类型的专项规范做了整理，将其中的人员密度标准汇总在表格中，方便读者查阅。有些特殊功能建筑没有列出，需要时请读者查阅专门的建筑规范。还有些建筑类型的人员密度并没有明确规定，则需要设计师根据实际情况和合理性审慎确定。

在规范中，针对人员密度，往往规定了计算时不能低于某个下限值，以保障防火计算的安全；而专项规范

最小疏散宽度（单位：m） **表8.1**

<table>
<tr><th colspan="2" rowspan="2">疏散方式
建筑类型</th><th rowspan="2">楼梯间的首层疏散（外）门</th><th rowspan="2">疏散门、户门、安全出口</th><th rowspan="2">疏散楼梯</th><th colspan="2">疏散走道</th></tr>
<tr><th>单面布房</th><th>双面布房</th></tr>
<tr><td colspan="2">室外疏散梯</td><td colspan="2">—</td><td>0.9</td><td colspan="2">—</td></tr>
<tr><td rowspan="2">住宅
（建5.5.30）</td><td>建筑高度≤18m
且一边设置栏杆</td><td rowspan="2">1.1</td><td rowspan="5">0.9</td><td>1.0</td><td colspan="2" rowspan="3">1.1</td></tr>
<tr><td>一般情况</td><td rowspan="2">1.1</td></tr>
<tr><td rowspan="3">公共建筑
（建5.5.18）</td><td>单、多层公共建筑
（含商业服务网点）</td><td>0.9（1.1）</td></tr>
<tr><td>高层非医疗公共建筑</td><td>1.2</td><td>1.2</td><td>1.3</td><td>1.4</td></tr>
<tr><td>高层医疗建筑</td><td>1.3</td><td>1.3</td><td>1.4</td><td>1.5</td></tr>
<tr><td rowspan="2">办公建筑</td><td>走道长度≤40m时</td><td rowspan="2">—</td><td rowspan="2">办公用房门洞：1.0</td><td rowspan="2">高层内筒结构的回廊式走道
净宽最小值同单面布房走道</td><td>1.3</td><td>1.5</td></tr>
<tr><td>走道长度>40m时</td><td>1.5</td><td>1.8</td></tr>
<tr><td rowspan="2">宿舍建筑</td><td>单元式</td><td rowspan="2">1.4</td><td rowspan="3">0.9</td><td rowspan="2">1.2</td><td colspan="2">1.4</td></tr>
<tr><td>通廊式</td><td>1.6</td><td>2.2</td></tr>
<tr><td colspan="2">中小学教学用房</td><td>1.4</td><td>1.2（且为0.6的整数倍，可最多加一个摆幅0.15）</td><td>1.8</td><td>2.4</td></tr>
<tr><td colspan="2">（每层房间疏散门—疏散走道—安全出口）—疏散楼梯—首层疏散（外）门</td><td colspan="2">当以门宽为计算宽度时，应：
楼梯宽≥门宽</td><td>当以楼梯宽度为计算宽度时，应：
门宽≥楼梯宽</td><td colspan="2">走道通常较宽，设计应注意与门及楼梯宽度的匹配</td></tr>
<tr><td colspan="7">注：总疏散宽度分配给不同门洞或梯段时需要仔细根据通过人流股数进行校核调整，尽量均匀设置并满足本表要求。</td></tr>
</table>

百人疏散宽度（单位：m/百人） 表8.2

建筑类型		一、二级耐火	三级耐火	四级耐火	说明
地上楼层	1~2层	0.65	0.75	1	首层外门的总净宽度应按该建筑疏散人数最多一层的人数计算确定（建5.5.21）；不供其他楼层人员疏散的外门，可按本层的疏散人数计算确定
	3层	0.75	1	—	
	≥4层	1	1.25	—	
地下、半地下楼层	与地面出入口地面的高差≤10m	0.75	—		
	与地面出入口地面的高差＞10m	1			
	人员密集的厅室，歌舞娱乐放映游艺场所				
中小学建筑	地下一、二层	0.8			对于楼梯或门的宽度应：地上，下层≥上层；地下，上层≥下层
	地上一、二层	0.7	0.8	1.05	
	地上三层	0.8	1.05	—	
	地上四、五层	1.05	1.3		
宿舍建筑		1	—		
高层建筑内的展厅和其他空间		1			

疏散人员密度

有固定座位的场所的疏散人数（人	
展览厅	疏散人数计算不宜小
展览建筑展厅	层数
	最小人均面
博物馆展览厅	合理密度
	高峰密度
商店类建筑（包括附建在商业建筑中的饮食建筑）	
	商店营业厅
	建材商店，家具、灯饰展示建
	确定人员密度时应考虑商店
餐饮建筑	用餐区域
	每座最小使用面
旅馆建筑	旅馆内设餐
	旅馆内的多功能大空
办公建筑	中、小会议
	办公室
	总人数无法确定
老年人照料设施	每座最小使用面

表8.3

	1.1×座位数						
	0.75人/m^2=1.33m^2/人						
	地下一层		地上一层	地上二层	地上三层及以上	单位	面积
	1.5		1.4	1.5	2.0	m^2/人	展览面积
	7.1~5			（博物馆展厅人员密度规定非常详细，务必查阅博物馆规范）		m^2/人	展厅净面积
	4.3~2.9						
	地下二层	地下一层	地上一、二层	地上三层	地上四层及以上	单位	面积
	1.8	1.7	2.3~1.7	2.6~1.9	3.3~2.4	m^2/人	建筑面积
30%密度）	6.0	5.6	7.8~5.6	8.5~6.2	11.1~7.9		
筑规模	当建筑规模较小（比如营业厅的建筑面积<3000m^2）时宜取上限值，当建筑规模较大时，可取下限值						
	餐馆		快餐店	饮品店	食堂	单位	面积
	1.3		1	1.5	1	m^2/座	使用面积
	一至三级旅馆的中餐厅、自助餐厅、咖啡厅		四、五级旅馆的中餐厅、自助餐厅、咖啡厅		特色餐厅、外国餐厅、包房	单位	面积
	1.0~1.2		1.5~2.0		2.0~2.5	m^2/人	使用面积
	宴会厅、多功能厅			会议室			
	1.5~2.0			1.2~1.8			
	无桌子			有桌子		单位	面积
	1			2		m^2/人	使用面积
	普通办公室		研究办公室		单间办公室	单位	面积
	6		7		10	m^2/人	使用面积
	9					m^2/人	建筑面积
	文娱与健身用房	日间照料的餐厅	全日+非护理型的餐厅	全日+护理型的餐厅	老年人日间照料设施的休息室	单位	面积
	2.0	2.5	2.5	4.0	4.0	m^2/座（人）	使用面积

则往往根据功能使用需要，规定了人员密度不能高于某个上限值，以保障使用的合理性和实际防火疏散的安全。这两者其实是统一的，设计时人数不能超过密度标准，计算防火疏散人数时不能低于密度标准，并不矛盾。

另外，防火规范和展览、博物馆建筑专项规范在规定人员密度时，均使用了“人/m^2”的单位进行描述，其数值基本为小于1的多位小数，查阅和计算时并不方便；而大多数专项规范都以“m^2/人”为单位，数值均大于1。在描述人员密度时，两者数值互为倒数，本质一样。为了统一表述，方便理解和查阅，除防火规范的展览厅通用数值外，本表格将展览建筑、博物馆、商店营业厅三者的人员密度值进行了换算，并以灰色标出。但本部分数据仅作理解或参考，当读者需要正式出图审图时，还请使用规范原表进行计算。

表格中也能看到，虽然同为展厅，博物馆和展览建筑的展厅人员密度相差很大；一般商店和建材家具商店密度差别也很大。同时，规范的条文说明专门指出了《商店建筑设计规范》JGJ 48中有关条文的规定还不甚明确，因此重新确定了商店营业厅的人员密度设计值。建筑师在进行防火设计时，当然优先以防火规范为准。博物馆专项规范则对不同类型的展厅人员密度作了非常复杂的规定，设计时务必对照专项规范进行计算。

不同建筑类型的规范中，针对人员密度的面积计算，既有建筑面积，也有使用面积，有些还规定了何时用使用面积、何时用建筑面积，读者需注意按照规范条文要求进行计算。《旅馆建筑设计规范》JGJ 62中没有说明采用哪一种，笔者理解应为使用面积，读者可自行判断。

对于一般建筑，往往最小疏散宽度就可作为设计依据；但对于大型人员密集建筑如商业综合体，根据规范算出的疏散宽度通常很惊人，成为整个建筑平面设计的关键所在，因而在设计前期就要先做估算，再进行平面设计。这也是我们在商场中总是见到大量（但很少使用的）超宽楼梯间的原因所在。

9. 疏散楼梯间

本组规范的基本思路是根据建筑类型和功能等基本情况，确定使用何种楼梯间形式，并进行具体的楼梯间设计。

这部分也是本篇最复杂的部分，尤其对高层建筑的核心筒设计有重要影响。

敞开楼梯间、封闭楼梯间、防烟楼梯间是三个不同的楼梯间等级，防火性能依次提升。防火要求越高，楼梯间等级要求也越高。

剪刀楼梯间则是防烟楼梯间的一个特例。消防电梯因为属于垂直交通，且常与楼梯间合用前室，因此也一并列入。

但总体来说，本组规范偏重细致的楼梯设计，对总体方案设计影响不大，一般是进入到较为细致的平面设计阶段，特别是高层核心筒的细化设计阶段，才需要仔细查阅使用。

9.1 疏散楼梯间、消防电梯的选择

规范中依据不同的建筑功能类型、高度和防火分类（少见的没有使用耐火等级）等条件，规定了相应情况下须采用的楼梯间、电梯间及其前室的形式。因而在楼梯间和电梯间的详细设计中，首先就要进行楼梯间选型，进而控制其主要平面尺寸。

由于规范中的相关条文非常分散，笔者专门对这些条文进行了整理归并，并按照“敞开—封闭—防烟—剪刀”这四个防火要求逐级提升的类型进行排列，将消防电梯及其前室也整合其中，以系统的表格整理出建筑类型和楼梯间类型的对应关系，便于读者进行楼梯间的选型设计。

住宅楼梯间、消防电梯的选择，并未根据常用的24m、27m、54m的单、多层或一、二类高层分类，而是选择了21m和33m的分界，在全本规范中只有室内消火栓用了此分类。

类似的，在二类高层公共建筑的封闭楼梯间、防烟楼梯间、消防电梯选择时，出现了32m这一分类，出现在老年人照料设施中。

多层建筑的分界在5层和6层之间，全文除了敞开楼梯间、封闭楼梯间外，也只有老年人照料设施的消防电梯与之有关。采用这三种分类的原因，笔者尚未找到。

地下室的封闭楼梯间与防烟楼梯间的分界则在10m或3层，这在规范全文中都多处采用，逻辑完全一致。

在多层公共建筑的楼梯间中，可以将敞开式外廊视为防烟设施，因而允许采用敞开楼梯间，其效果类似防烟楼梯间。

为便于统合，我们将老年人照料设施的楼梯间选择也放入本表，并没有切割到特殊类型的篇章中。其中通

疏散楼梯间、消防电梯的选择

建筑类型		条件	户门
住宅建筑	建筑高度≤21m	不紧邻电梯井	不限
		与电梯井相邻布置	户门采用乙级防火门
			不用乙级防火门
	21m≤建筑高度≤33m	不限	户门采用乙级防火门
			不用乙级防火门
	建筑高度>33m	同一楼层（单元）的户门不宜直接开向前室	确有困难时，应采用乙
多层公共建筑	任何功能与层数		
	一般功能	5层及以下	
		6层及以上	
	特殊功能（建5.5.13）	医疗建筑、旅馆、公寓及类似功能的建筑	
		设置歌舞娱乐放映游艺场所的建筑	
		商店、图书馆、展览建筑、会议中心及类似功能的建筑	
高层公共建筑	二类高层公共建筑	裙房和建筑高度≤32m	当裙房与高层主
		建筑高度>32m	
	一类高层公共建筑	全部情况，没有例外	
地下、半地下建筑（室）（建6.4.4）	室内地面与室外出入口地坪高差≤10m或<3层		
	室内地面与室外出入口地坪高差>10m或≥3层		
	埋深>10m且总建筑面积>3000m²		
	地上设置消防电梯的建筑		
老年人照料设施	5层及以上	且总建筑面积>3000m²	
	≤24m	楼梯间宜与敞开式外廊直接相连	
		不能连接敞开式外廊时	
	>24m		
	>32m	宜在32m以上部分外墙部位增设能连通老年人居室和公共活动场所的连廊	
高层公共建筑的疏散楼梯	采用剪刀楼梯间的条件是：	两部楼梯分散设置确有困难，且从任一疏散门（户门）至最近疏散楼梯间入口的距离<10m 且必须为防烟楼梯间	
住宅单元的疏散楼梯			

表9.1

	备注	敞开楼梯间	封闭楼梯间	防烟楼梯间	剪刀楼梯间	消防电梯（建7.3.1）
		敞开楼梯间				
		敞开楼梯间				
			封闭楼梯间			
		敞开楼梯间				
			封闭楼梯间			
火门	且每层开向同一前室的户门应≤3 樘			防烟楼梯间		消防电梯
	与敞开式外廊直接相连的楼梯间	敞开楼梯间				
		敞开楼梯间				
	除与敞开式外廊直接相连的楼梯间外		封闭楼梯间			
			封闭楼梯间			
			封闭楼梯间			
			封闭楼梯间			
设防火墙时裙房可按多层建筑要求确定			封闭楼梯间			
				防烟楼梯间		消防电梯
				防烟楼梯间		消防电梯
	除住宅建筑套内的自用楼梯外		封闭楼梯间			
				防烟楼梯间		
						消防电梯
						消防电梯
	包括设在其他建筑内五层及以上的					消防电梯
		敞开楼梯间				非消防电梯应采取防烟措施，火灾下需用于辅助人员疏散时要按消防电梯要求
			封闭楼梯间			
				防烟楼梯间		
	各层连廊应直接与疏散楼梯、安全出口或室外避难场地连通			防烟楼梯间		
	前室应分别设置			防烟楼梯间	剪刀楼梯间	
	前室不宜共用			防烟楼梯间	剪刀楼梯间	
	前室或共用前室不宜与消防电梯前室合用			防烟楼梯间	剪刀楼梯间	

过条文说明可知，32m以上宜增设的连廊，意为靠外墙额外增加第二条走廊连接疏散楼梯，以增加安全性，但没有其他要求。

对于剪刀梯，条文要求与前三种楼梯间不同，前三者是不满足一定条件时必须采用，剪刀梯是满足一定条件才可以采用，因为剪刀梯相对于两部独立的楼梯来说，是降低了防火性能。因而规范规定了最远疏散距离、防烟两项条件，且高层公共建筑不可合用前室。值得注意的是，只有剪刀梯的前室才称为“共用”，普通前室和消防电梯只能称为“合用”，条文以此来区分这两种前室。但对于共用前室与合用前室再合并时，就没有专门的名称了，体系上未能完善。

这里有一个疑点：条文说明指出，剪刀梯针对的是楼层面积比较小的高层建筑，但多层的公共建筑和住宅建筑是否能采用呢？从火灾危险性上看，高层能用，多层更加能用。多层公共建筑可以借此减少占用面积，扩大疏散宽度；多层住宅一般不需要两部楼梯，但也并不排除特殊情况下有使用的需要。规范未给出说明，所以还需要咨询有关消防部门。

9.2 各类楼（电）梯间的规定

规范中对三类疏散楼梯间的规定非常细碎、复杂，且逐层嵌套，再加上三种前室及其合并情况、门窗洞口情况也较为复杂，笔者经过反复整理、提炼、归并，将其并入表格中。与前表类似，消防电梯和剪刀楼梯间的具体规定也整合到了表中，方便读者参考。

同时，由于三类楼梯间的核心问题在于防烟排烟措施，且有部分条文与《建筑防烟排烟系统技术标准》GB 51251的条文有重合，因而笔者将防烟排烟标准中的有关条款也并入表中，方便读者查阅。由于防烟排烟部分涉及两个规范中多个容易违反的强制性条款，所以在具体进行防排烟设计时，务必与暖通工程师一起，基于两本规范原文进行仔细对接，共同设计，以免违反强制性条文。

三类楼梯间最明显的特征就是其嵌套情况：封闭楼梯间需满足敞开楼梯间的规定；防烟楼梯间需满足封闭楼梯间的规定；而三者的关键都在于以何种方式防烟。要理解这种层层递进而目的一致的规定关系，才容易理解此表格。

敞开楼梯间较为简单，封闭楼梯间、防烟楼梯间则都需要满足防烟排烟要求，区别在于封闭楼梯间是自然通风，而防烟楼梯间是通过前室防烟，其前室又有自然通风和机械加压送风两种情况。其中封闭楼梯间和前室的自然通风条件又有各自的规定，不能满足时就只能采用机械加压送风。更详细的防排烟要求在表16.1中作了归纳。

总体来说，对于各类楼梯间的详细规定，除了居住建筑和高层建筑核心筒设计外，在方案设计时基本上不会涉及，但施工图设计首先要从这里开始，解决好楼梯疏散的技术要求（如果方案设计时已经把本表之前的内容基本落实了的话）。

各类楼（电）梯间的规定

内容		敞开楼梯间（建6.4.1）		封闭楼梯间（建6.4.2）		防
楼梯间要求		应能天然采光和自然通风，宜靠外墙		同时应满足敞开楼梯间设计要求		同时应
		楼梯间、前室外墙上的窗口与两侧门窗洞口最近边缘水平距离应≥1.0m		在楼梯间入口处设置门，以防止火灾的烟和热气进入的楼梯间		在楼梯间入口处设置防 等设施，以防
位置		楼梯间在各层的平面位置不应改变（除通向避难层的错位疏散楼梯外）（建6.4.4）		建筑的地下、半地下部分与地上部分不应共用楼梯间，确需共用楼梯间时，应在首层采用防火隔墙和防火门将地下半地下部分与地上部分完全分隔（建6.4		
梯间内（建6.4.1）		不应设置可燃气体管道	住宅建筑确需设置时，应采用金属管和切断气源的阀门	禁止穿过或设置可燃气体管道		
		不应设置甲、乙、丙类液体管道				
		不应设置影响疏散的凸出物、其他障碍物				
		不应设置烧水间、可燃材料储藏室、垃圾道				
楼梯间、前室的开洞	卷帘	梯间及其前室 不应设置卷帘				
	开门	楼梯间宜通至屋面，通向屋面的门或窗应向外开启		高层建筑、人员密集的公共建筑应采用防火门并应向疏散方向开启	其他建筑可采用双向弹簧门	疏散走道通往前室 （并向
	开洞	—		楼梯间的墙上不应开设其他门窗洞口	楼梯间的出入口和外窗除外	楼梯间和前室的墙上不 开设其他门窗洞
首层出口和扩大楼梯间、前室	正常情况下	楼梯间应在首层直通室外（住宅和公共建筑要求相同）（建5.5.17、建5.5.29）				
	确有困难时	可在首层将走道门厅等包括在内形成“扩大楼梯间”或“扩大前室”，但应与其他走道房间分隔，				
		当≤4 层且未扩大楼梯间或前室时，可将直通室外的门设置在离楼梯间≤15m				

内容		无前室
前室面积要求	公共建筑	—
	住宅	—
前室防排烟要求		不能满足自然通风条件时，应设机械加压送风系统或采用防烟楼梯间（建6.4.2）
		自然排烟的两个不同方向可开启外窗或开口的每个面积（烟3.2.2）

表9.2

梯间（建6.4.3）	消防电梯		剪刀楼梯间
敞开楼梯间及封闭楼梯间设计要求	—		应为防烟楼梯间
前室、开敞式阳台、凹廊（统称前室） 灾的烟和热气进入的楼梯间			梯段之间应设防火隔墙
	每个防火分区不应少于1台（建7.3.2）	相邻两个防火分区可共用1台消防电梯	—
	电梯井底应设置排水设施	符合消防电梯要求的客货梯可兼作消防电梯	
	排水井的容量应≥2m^3		
	前室应采用防火门，不应设置卷帘（建7.3.5）		
通往楼梯间的门应采用乙级防火门 向开启）（建6.4.11）	消防电梯间前室的门口宜设置挡水设施		
楼梯间、前室的出入口，正压送风口，住宅建筑前室的电缆、管道井丙级检查门除外	前室内不应开设其他门窗洞口	前室的出入口、前室内的正压送风口、≤3樘且为乙级防火门的户门除外	
	前室宜靠外墙设置（建7.3.5）	设在仓库连廊、冷库穿堂、谷物筒仓工作塔内的消防电梯除外	剪刀梯的首层对外出口要尽量分开设置在不同方向。当首层公共区无可燃物且首层户门不直接开向前室时，剪刀梯首层对外出口可以共用，但宽度需满足疏散要求
散距离＜30m	应在首层直通室外		
	或经过长度≤30m的通道通向室外（建7.3.5）		

防烟楼梯间前室	合用前室 楼梯间、合用前室应分别独立设置机械加压送风系统（烟3.1.5）		共用前室
公共建筑应≥6.0m^2	公共建筑应≥10.0m^2		公共建筑剪刀梯前室不应共用
住宅建筑应≥4.5m^2	住宅建筑应≥6.0m^2		（住宅剪刀梯前室不宜共用）应≥6.0m^2 （共用前室和电梯前室不宜合用）应≥12.0m^2，且短边应≥2.4m
防烟楼梯间及其前室、消防电梯间前室或合用前室应设置防烟设施（防烟前室等）（建8.5.1）			两个楼梯间及其前室的机械加压送风系统应分别独立设置（烟3.1.5）
≥2.0m^2	≥3.0m^2	≥2.0m^2	

10. 其他疏散组件

由于最重要的三类疏散楼梯间和消防电梯的部分已经在前表单独整合，其他防火组件的规定就所剩不多了。

本组规范针对其余组件的规定中，对平面详细设计还有一定影响的条文，进行归类整合，主要是疏散交通和灭火救援部分的细节规定。总体来说，相对琐碎，是针对每个具体组件的详细规定，互相之间也没有共同的形式和逻辑，因此以归类汇总为主，并无更多分析提炼的工作。

此部分也多用于方案细化阶段的后期，内容不多，牵涉面也不广，其中一部分条文对方案设计阶段影响相对明显，如能提前作大体了解，在方案设计时也可以少走一些弯路。

10.1 疏散楼梯、电梯

本表中最重要的且为强制性条文的就是室外疏散梯的规定。由于室外疏散梯没有外墙，其防烟排烟是完全没有问题的，但也正因为其完全敞开，贴邻的建筑物一侧就增加了被火焰威胁的风险，因此该建筑的一侧要作充分的防火分隔。其本身及周围2m范围内不开除自身以外的洞口，此防火分隔举措与立面防火分隔的要求保持一致，也是设计室外疏散梯特别要注意的，对立面影响较为明显。

电梯井道的设计重点则重在防止火灾竖向蔓延，相当于一个独立的防火分区，因此需独立设置，井壁也不可开设无关洞口，在地库或人员密集场所等火灾风险较高的房间开门时，也要专门设置电梯厅来进行防火分隔，这些规定的内在逻辑是一致的。

10.2 疏散门窗、阳台、避难间

关于疏散门开启方向的条文较简单，但由于数量多，有时情况比较复杂，是容易违反的强制性条文，需在施工图阶段仔细核对，尤其是开启后影响疏散宽度的情况较为常见。不只是针对楼梯间，房间门外开时对走道的影响也很大，解决起来会比较麻烦。

高层建筑安全出口上空防护挑檐特地注明并非防火用，但对立面有影响，需注意。

消防救援窗则是近年来新版规范增加的一个重要部分，特别是对立面设计影响较大。由于条文本身较简单，有些常见情况并未说明，如外墙的门是否可算消防

疏散楼梯、电梯 **表10.1**

<table>
<tr><td rowspan="6">室外
疏散梯
（建
6.4.5）</td><td>楼梯周围2m内的墙面</td><td>不应设置门窗洞口</td><td colspan="2">除自身的疏散门外</td></tr>
<tr><td rowspan="2">疏散门</td><td>通向室外楼梯的门</td><td colspan="2">应向外开启</td></tr>
<tr><td colspan="3">不应正对梯段</td></tr>
<tr><td rowspan="3">构件尺寸</td><td colspan="3">净宽度应≥0.90m</td></tr>
<tr><td colspan="3">栏杆扶手高度应≥1.10m</td></tr>
<tr><td colspan="3">倾斜角度应≤45°</td></tr>
<tr><td rowspan="3">疏散
楼梯</td><td>建筑内的公共疏散楼梯</td><td>两梯段及扶手间的水平净距宜
≥150mm</td><td colspan="2">住宅建筑也要尽可能满足此要求</td></tr>
<tr><td rowspan="2">疏散用楼梯和
疏散通道上的阶梯</td><td rowspan="2">不宜采用螺旋楼梯和扇形踏步</td><td rowspan="2">确需采
用时</td><td>踏步上下两级所形成的平面角度应≤10°</td></tr>
<tr><td>且每级离扶手250mm 处的踏步深度应≥220mm</td></tr>
<tr><td rowspan="4">消防
电梯</td><td colspan="4">应能每层停靠</td></tr>
<tr><td colspan="4">电梯的载重量应≥800kg</td></tr>
<tr><td colspan="4">电梯从首层至顶层的运行时间宜≤60s</td></tr>
<tr><td colspan="4">在首层的消防电梯入口处应设置供消防队员专用的操作按钮</td></tr>
<tr><td rowspan="5">电梯</td><td>直通建筑内附属汽车库的电梯</td><td>应在汽车库部分设置电梯候梯厅</td><td colspan="2">并应采用防火隔墙和防火门与汽车库分隔</td></tr>
<tr><td>公共建筑内的客货电梯</td><td>宜设置电梯候梯厅</td><td colspan="2">不宜直接设置在营业厅、展览厅、多功能厅等场所内</td></tr>
<tr><td rowspan="3">电梯井应独立设置</td><td rowspan="2">井内</td><td colspan="2">严禁敷设可燃气体，甲、乙、丙类液体管道</td></tr>
<tr><td colspan="2">不应敷设与电梯无关的电缆、电线等</td></tr>
<tr><td>井壁不应设其他开口</td><td colspan="2">除设置电梯门、安全逃生门和通气孔洞外</td></tr>
</table>

救援窗。条文只说了窗而未提及门，但显然门更容易发挥实际作用，而且更容易识别。其位置并未详细规定，但条文说明指出要跟走道和避难间等安全空间相结合，这显然是破窗入室扑救的主要路径。同时笔者认为，由于窗口数量可以多设，对于内部大空间等不同性质的部位也可增加进入的窗口，以应对火灾的多种可能情况。

11. 屋顶和立面的防火分隔

本组规范的主要思路，是在建筑的外表面，也就是立面和屋顶上，与平面防火分区同步，对建筑内空间进行防火分隔，避免火灾从外表面蔓延到其他防火分区。

其分隔措施主要包括两种：一是设置凸出墙面的防火墙板，二是用足够宽的实墙将分区防火墙两侧的门窗洞口隔开，类似于平面防火间距的方式。在门窗洞口距离不够时，也允许采用等效的防火门窗进行替代。

虽然这些分隔的尺寸并不大，但其凸出墙面的部分或分隔的实墙在立面上却非常显眼，而且随着立面单元的重复排列，影响会被显著放大，对于大型高层建筑尤其明显。现在的建筑设计多使用落地玻璃窗和天窗，这都是规范条文中重点防范的内容。因此在进行建筑立面设计时，务必重视本组规范对立面实墙的影响，以免被迫使用防火玻璃造成造价和审图的困扰。

表格左侧竖列将外表面分隔分为外墙垂直方向、外墙水平方向、屋顶天窗这三大部分，水平横列则分为凸出的方式、间距的方式、防火玻璃及其他方式三类分隔方法。

对于上下楼层之间垂直防火的分隔距离，相对于正常梁高是比较大的。因而对有窗下墙的房间尚可满足，但对现在普遍流行的落地窗或矮窗台的情况，则需要刻意增加上下层的实墙宽度。如使用防火挑檐，则需结合立面风格及造型提前进行设计。如果是幕墙，也同样要对这个立面高度进行预先处理，以同宽的防火隔离带或防火玻璃进行分隔，并且存在额外的、幕墙和楼板之间的空隙需要防火封堵的问题。这对立面设计的影响很大，需特别注意。

水平方向的隔离主要在防火分区的分界处，相对来说遇到的较少，也比较容易处理，但需注意疏散楼梯间、避难间、室外疏散楼梯等，都有类似的2m实墙的要求，因此也要注意跟平面防火设计对照。

屋顶天窗的情况也主要出现在防火分区的边界部位，发生的情况也不多，在分区边缘设计天窗时加以注意即可。

疏散门窗、阳台、避难间　　表10.2

<table>
<tr><td rowspan="6">疏散门（建6.4.11）</td><td>应采用平开门</td><td colspan="2">不应采用推拉门、卷帘门、吊门、转门、折叠门</td></tr>
<tr><td rowspan="2">应采用向疏散方向开启</td><td rowspan="2">满足右侧条件、（人数较少）房间开启方向不限</td><td>人数≤60人</td></tr>
<tr><td>且每门平均疏散人数≤30人</td></tr>
<tr><td>开向疏散楼梯（间）的门</td><td>完全开启时</td><td>不应减少楼梯平台的有效宽度</td></tr>
<tr><td>人员密集场所内的疏散门</td><td>平时需要控制人员随意出入的</td><td rowspan="2">应保证火灾时不需使用钥匙等任何工具即能从内部易于打开</td></tr>
<tr><td>住宅、宿舍、公寓建筑的外门</td><td>设置门禁系统的</td></tr>
<tr><td rowspan="4">门、窗、阳台</td><td>高层建筑直通室外的安全出口</td><td>上方应设挑出宽度≥1.0m的防护挑檐</td><td>防护挑檐不需具备与防火挑檐一样的耐火性能</td></tr>
<tr><td rowspan="3">窗口、阳台等部位</td><td rowspan="2">位于人员密集的公共建筑时</td><td>不宜设置封闭的金属栅栏</td></tr>
<tr><td>确需设置时，应能从内部易于开启</td></tr>
<tr><td colspan="2">宜根据其高度设置适用的辅助疏散逃生设施</td></tr>
<tr><td rowspan="5">消防救援窗（建7.2.4）</td><td rowspan="5">公共建筑的外墙</td><td rowspan="5">应在每层的适当位置设置可供消防救援人员进入的窗口</td><td>（设有登高场地时）应与消防车登高操作场地相对应</td></tr>
<tr><td>位置结合楼层走道在外墙上的开口、避难层、避难间</td></tr>
<tr><td>间距宜≤20m且每个防火分区不应少于2个</td></tr>
<tr><td>窗口的净高度和净宽度分别应≥0.8m和1.0m</td></tr>
<tr><td>窗口玻璃应易于破碎，并应设置可在室外易于识别的明显标志</td></tr>
<tr><td rowspan="3">住宅避难间</td><td rowspan="3">建筑高度>54m的住宅建筑（一类高层）</td><td rowspan="3">每户应有一间房间符合避难间要求</td><td>应靠外墙设置</td></tr>
<tr><td>应设置可开启外窗</td></tr>
<tr><td>内外墙体、房间门、外窗要满足耐火要求</td></tr>
</table>

屋顶和立面的防火分隔

分类		凸出墙面或屋面		
上下层（外墙垂直间距）	需设防火挑檐或实体墙（建6.2.5）	分层墙高度不足时	需设置挑出宽度≥1.0m、长度≥开口宽度的防火挑檐	室内无自动喷水灭火系统
				室内有自动喷水灭火系统
	幕墙规定（建6.2.6）	幕墙应在每层楼板外沿处采取符合建6.2.5的防火措施，幕墙与每层楼板、隔墙处的缝隙		
分区间（外墙水平距离）	建筑外墙为难燃或可燃墙体时	防火墙应凸出墙的外表面0.4m 以上		且防火墙两侧的外
	建筑外墙为不燃性墙体时	防火墙可不凸出墙的外表面		靠防火墙两侧的门、窗、
	建筑内的防火墙	不宜设置在转角（阴角）处		确需设置时，内转角两侧墙上
	住宅建筑	分户墙体宽度＜1.0m 时	应在开口之间设凸出外墙≥0.6m 的隔板	外墙上相邻户开
屋顶和天窗	屋顶上一般不应开口。若开口时	与（更高）的邻近建筑之间应采取防止火灾蔓延的措施		如将开口布置在距离建
	防火墙在屋顶处的防火分隔	屋顶承重结构和屋面板的耐火极限低于0.50h时	防火墙应高出屋面0.5m以上（建6.1.1）	防火墙横截面中心

表11

持实墙间距	防火玻璃、门窗与其他方式		
建筑外墙上下层开口之间应设置高度≥1.2m的实体墙	确有困难时，可设置防火玻璃墙	但高层建筑的防火玻璃墙的耐火完整性不应低于1.00h	外窗的耐火完整性不应低于防火玻璃墙的耐火完整性要求
上下层开口之间的实体墙高度应≥0.8m		多层建筑的防火玻璃墙的耐火完整性不应低于0.50h	
防火封堵材料封堵	填充材料常用玻璃棉、硅酸铝棉等不燃材料。要具有一定弹性和防火性能		
为宽度≥2.0m 的不燃性墙体	且防火墙耐火极限不应低于外墙的耐火极限		
之间最近边缘水平距离应≥2.0m	如采取设置乙级防火窗、防火卷帘、防火分隔水幕等防止火灾水平蔓延的措施时，该距离不限		
、洞口之间最近边缘水平距离应≥4.0m			
间的墙体宽度应≥1.0m	实体墙、防火挑檐和隔板的耐火极限和燃烧性能，均不应低于相应耐火等级建筑外墙的要求		
较高部分较远的地方，一般宜≥6m	或设置防火采光顶		
	或较高建筑邻近开口一侧的建筑外墙采用防火墙		
平距离天窗端面应≥4.0m	若<4.0m，且天窗端面为可燃性墙体时，应采取防止火势蔓延的措施（建6.1.2）	如设置不可开启、火灾自动关闭的防火窗等	

第四部分　特殊类型

12. 特殊公共建筑
13. 特殊机房

特殊类型部分共2组9张表格，主要包括：特殊公共建筑，共计7张表格；特殊机房，共计2张表格。

本部分表格汇总了除住宅和人员密集场所外的所有特殊类型建筑（房间）的防火要求。

这些特殊类型建筑（房间）包括娱乐场所、观演建筑、老年人照料设施、儿童场所、医疗建筑、有顶步行街、超大面积地下商店、低风险机房、高危险机房等9种。

在规范原文中，本组表格所涉及条文分散在防火分区、平面布置、安全疏散避难、建筑构造等多个章节中。笔者对这些条文进行分类汇总，部分参考了对应的专项建筑规范，最终整理成本组9类特殊民用建筑特殊规定的汇总表格。

前7种民用类型，通常只在进行此类建筑设计时才需要查阅。后2类特殊机房则在常见建筑类型的设计中也会遇到，只是频率较低，规模较小，且大多数时候是由设备专业提出设置条件，所以没有归入平面设计部分。

在日常设计中，需要读者对此类用房有所印象，以便在遇到时能够查阅。

设计中遇到这些具体类型时，先查阅表格，能够更方便地了解其在方案设计层面的要求。涉及的详细构造的内容单独列在第五部分防火构造的表格中。

12. 特殊公共建筑

本组的7种特殊民用公共建筑功能类型中，前5种在规范中的表述和火灾危险性比较类似，通常简称为“娱、演、老、幼、医”，主要汇总了位置、疏散等特殊要求。表格按照相对统一的格式，整理了这些类型的平面位置、安全出口和疏散等方面的规定，有一定的相似性，也有各自的重点。建议读者可以将这五张表对照阅读，了解其中的共同点和不同之处，理解其编写逻辑。

有顶步行街则是比较独特的建筑群类型，其条文内容也比较特殊。

超大面积地下商店的条文本质上是针对多种防火分隔措施的详细规定。

12.1 娱乐场所

娱乐场所的特点是人员密集、火灾隐患大。虽然如录像厅等类型已经不多见，但也还有很多已有或新兴的类似场所，其内在防火设计逻辑类似，主要原则是将其房间位置设置在较方便疏散和扑救的楼层，并单独规定了房间面积、出口数量、人员密度和疏散宽度等。

12.2 观演建筑

观演建筑是规模最大、疏散最复杂的一类，规范中不但规定了楼层位置、出口数量和宽度等方面的通用要求，还将剧场、礼堂、影院和体育馆分成两类，分别每疏散门疏散人数、座位的排数与列数进行了详细规定，还在条文说明中解释了详细的疏散计算方法，值得一读。

规范既涉及单独的观演建筑，也涉及设在其他建筑中的观众厅，其条文对两者的规定不是非常清晰，需仔细区分。

笔者也将影院、剧场中涉及人员密度计算指标的有关条文汇总到本表中，方便读者在初步核算人数时使用。

12.3 老年人照料设施

老年人照料设施是防火规定较为严格的一类，特殊之处在于针对老年人疏散能力弱的特点，增加了避难间的设置。规范还规定了贴邻建设时要当作独立建筑来处理，这也是别的类型所没有的。

老年人的不同功能用房，如公共活动用房、康复医疗用房、生活用房所需满足的楼层设置要求也各不相同，表格将其进行了汇总，设计时需注意分辨。

娱乐场所 表12.1

<table>
<tr><th colspan="2" rowspan="2">情况说明</th><th colspan="3">位置</th><th rowspan="2">安全出口和疏散门</th><th colspan="2" rowspan="2">人员密度</th><th>百人疏散宽度（建5.5.21）</th></tr>
<tr><th>高层建筑（一、二级耐火）</th><th>多层建筑（一、二级耐火）</th><th>地下、半地下（一级耐火）</th><th>地下或半地下时</th></tr>
<tr><td rowspan="5">歌舞娱乐放映游艺场所（建5.4.9）包括歌舞厅、录像厅、夜总会、卡拉OK厅、有卡拉OK功能的餐厅、游艺厅、电子游艺厅、桑拿浴室（不含洗浴部分）、网吧等，不含剧场、电影院</td><td rowspan="3">一般情况</td><td colspan="3">不宜布置在袋形走道的两侧或尽端</td><td>—</td><td>录像厅</td><td>1人/m^2</td><td rowspan="2">≥1m</td></tr>
<tr><td colspan="3">厅室间及与其他部位间应采用防火隔墙、不燃性楼板、防火门分隔</td><td>—</td><td>其他娱乐场所</td><td>0.5人/m^2</td></tr>
<tr><td colspan="2">宜布置在首层、二层、三层的靠外墙部位</td><td>不应布置在地下二层及以下楼层</td><td rowspan="3">场所内建筑面积≤50m^2且经常停留人数不超过15人的厅室房间可（只）设置1个疏散门</td><td colspan="2" rowspan="3">娱乐场所人数可不计算场所疏散走道、卫生间等辅助用房，只根据有娱乐功能的各厅室建筑面积确定，内部服务管理人员数量根据核定人数确定</td><td rowspan="3">包括房间疏散门、安全出口、疏散走道、疏散楼梯的各自总净宽度</td></tr>
<tr><td rowspan="2">确需布置在地下或四层及以上楼层时，且需：</td><td colspan="2">—</td><td>地下一层的地面与室外出入口地坪的高差应≤10m</td></tr>
<tr><td colspan="3">一个厅室的建筑面积应≤200m^2，即使设置自动灭火系统也不能增加面积</td></tr>
</table>

观演建筑

情况说明			位置			安全出口和疏散门
			高层建筑（一、二级耐火）	多层建筑（一、二级耐火）	地下、半地下（一级耐火）	
剧场、电影院、礼堂、体育馆	整体	一般情况	宜设置在独立的建筑内			—
		确需设在其他民用建筑内时	应采用防火隔墙和防火门与其他区域分隔			至少应设置1个独立的安全出口和疏散楼梯
			应设自动报警、自动灭火系统	—		
	观众厅	一般情况	观众厅宜布置在首层、二层、三层		宜设置在地下一层，可设在地下二层，不应设置在地下三层及以下	剧场、电影院等的观众厅尽量采用坡道
		确需设在四层及以上楼层时	每个观众厅或多功能厅的建筑面积宜≤400m²			
		体育馆、剧场的观众厅等由于使用需要且多以单层或2层为主，故防火分区面积可适当增加。需扩大时要按国家相关规定程序论证				

建筑类型	疏散门			疏散宽度：所	
				厅内走道宽	
	疏散门个数	每疏散门的平均疏散人数		百人净宽	最小净
剧场、电影院、礼堂的观众厅、多功能厅	不少于2个疏散门（建5.5.16）	≤2000人的部分	应≤250人	0.6m	双面走道≥1m 边走道≥0.8m
		>2000人的部分	应≤400人		
体育馆的观众厅、多功能厅		宜≤400~700人			

表12.2

门、外门、楼梯、走道的百人净宽（m/百人）					厅内座位数行列数量限制				人员密度	
（厅外）走道、楼梯、门宽度					纵走道间的座位纵列数			横走道间座位横排数		
最小百人净宽					每排座位数	前后排座椅的排距≥0.90m时	仅一侧有纵走道时			
						可增加1.0倍且≤50个	座位数应减少一半			
观众厅座位数范围（座）		≤2500（含<3000的体育馆）一、二级耐火		≤1200 三级耐火	宜≤22个	宜≤44个，应≤50个	宜≤11个	宜≤20排	电影院观众厅	乙级及以上电影院宜≥1.0m²/座
门、（厅外）走道	平坡地面	0.65		0.85						丙级电影院宜≥0.6m²/座
	阶梯地面	0.75		1.00					剧场观众厅	甲等剧场应≥0.80m²/座
楼梯		0.75		1.00						乙等剧场应≥0.70m²/座
观众厅座位数范围（座）		3000~5000	5001~10000	10001~20000	宜≤26个	应≤50个	宜≤13个		百人指标＝单股人流宽度×100/(疏散时间×每分钟每股人流通过数)	
门、（厅外）走道	平坡地面	0.43	0.37	0.32					说明：本条有关疏散门数量的规定，是以人员从一、二级耐火等级建筑的观众厅疏散出去的时间≤2min为原则确定的。 要注意将观众厅疏散门的数量与观众席位的连续排数和每排的连续座位数联系起来综合考虑	
	阶梯地面	0.5	0.43	0.37						
楼梯		0.5	0.43	0.37						
注：本表中对应较大座位数范围按规定计算的疏散总净宽度，应大于等于对应相邻较小座位数范围按其最多座位数计算的疏散总净宽度。										

12.4 儿童场所

儿童场所的防火规定是最为严格的一类，主要体现在楼层设置和出口数量的要求上。但条文数量并不多，因为例外情况太少，可以选择的位置也很少。

在最新的2019年征求意见稿中，将小学、幼儿园的学制教育用房内容排除，将其留给了小学、幼儿园专项规范，仅保留非学制部分，这样，本规范中相关部分就变得更简单了。

12.5 医疗建筑

规范中对医疗建筑的防火规定，除了基本的楼层设置和安全出口规定以外，主要针对高层病房规定了避难间的具体要求。

笔者将医院专项规范中部分防火分区的规定归入表中，方便读者查阅。

由于医院设计有极高的专业性，非常复杂，因此本规范涉及的内容很少，具体设计时还需以其专项规范为主。

老年人照料设施

情况说明			高层建筑	多层建筑	
			一、二级耐火	一、二级耐火	三级耐火
老年人照料设施	老年人照料设施宜独立设置		宜≤32m，应≤54m（建5.3.1A）		不应超过2
	与其他建筑上下组合时	老年人照料设施宜设置在建筑的下部	用防火隔墙和楼板进行防火分隔（建6.2.		
	与其他建筑贴邻建造时	按独立建造考虑	用防火墙分隔		
			并要满足消防车道及救援场地的相关要		
	老年人公共活动用房、康复与医疗用房（建5.4.4B）	设在地上时	应设在一、二、三层		应设在一、二
		设在地下一层或地上四层及以上时	每间用房的建筑面积应≤200m² 人数应≤30人		

表12.3

<table>
<tr><td>下、半地下</td><td colspan="3" rowspan="2">安全出口和疏散门</td><td colspan="3" rowspan="2">避难设施</td></tr>
<tr><td>一级耐火</td></tr>
<tr><td rowspan="6">年人居室和息室不应设在地下或半地下室（老 5.1.2）</td><td rowspan="2">连廊</td><td colspan="2" rowspan="2">建筑高度> 32m 时，宜在 32m 以上部分增设连通老年人居室和公共活动场所的连廊，各层连廊应直接与疏散楼梯、安全出口、室外避难场地连通</td><td rowspan="5">3 层及 3 层以上总建筑面积> 3000m^2（包括设在其他建筑内三层及以上楼层）的老年人照料设施</td><td rowspan="3">应在二层及以上各层老年部分的每座疏散楼梯间相邻部位设置 1 间避难间</td><td>避难间内可供避难的净面积应 ≥ 12m^2</td></tr>
<tr><td>并应符合建 5.5.24</td></tr>
<tr><td rowspan="3">出口独立设置</td><td>对于新建和扩建建筑</td><td>应有条件将安全出口全部独立设置</td><td>避难间可利用疏散楼梯间的前室或消防电梯的前室</td></tr>
<tr><td rowspan="2">对于部分改建建筑，受建筑内上下使用功能和平面布置等条件的限制时</td><td rowspan="2">尽量将老年人照料设施部分的疏散楼梯或安全出口独立设置</td><td rowspan="2">可不设置避难间的情况</td><td>与疏散楼梯或安全出口直接连通的开敞式外廊</td></tr>
<tr><td>与疏散走道直接连通且符合人员避难要求的室外平台等时</td></tr>
<tr><td rowspan="2">出口数量</td><td>每个防火分区、防火分区每个楼层的安全出口不应少于 2 个</td><td>除了建筑面积≤ 200m^2 且人数≤ 50 人的单层或多层公共建筑首层</td><td colspan="3">老年人照料设施中的三种用房（每个照料单元的用房均不应跨越防火分区）</td></tr>
<tr><td>使用</td><td>房间的疏散门数量应经计算确定且不应少于 2 个</td><td>除建筑面积≤ 50m^2 且不位于走道尽端的房间可设置 1 个疏散门</td><td>康复与医疗用房：指用于老年人诊疗与护理、康复治疗等用途的房间或场所</td><td>生活用房：指用于老年人起居、住宿、洗漱等用途的房间</td><td>公共活动用房：指用于老年人集中休闲、娱乐、健身等用途的房间，如公共休息室、阅览或网络室、棋牌室、书画室、健身房、教室、公共餐厅等</td></tr>
</table>

儿童场所

情况说明		高层建筑	多层建筑	
		一、二级耐火	一、二级耐火	三级耐火
儿童活动场所（建 5.4.4）	宜设置在独立的建筑	—	不应超过 3 层	不应超过 2 层
指用于 12 周岁及以下儿童游艺、非学制教育和培训等活动的场所。不包括托儿所、幼儿园的儿童用房、小学校的教学用房（学制用房由专项规范规定）	确需设置在其他民用建筑内时	首层、二层、三层		首层、二层
		应设置独立的安全出口和疏散楼梯	宜设置独立的安全出口和疏散楼梯	

医疗建筑

情况说明	高层建筑		
	一、二级耐火		
医院和疗养院的住院部分（本条中医疗建筑不包括无治疗功能的休养性质的疗养院，这类疗养院按旅馆建筑的要求确定）	高层病房楼应在二层及以上的病房楼层和洁净手术部设置避难间（建 5.5.24）	避难间服务的护理单元不应超过 2 个，其净面积应按每个护理单元≥ 25m^2 确定	作为独立建筑时
		避难间兼作其他用途时应保证人员的避难安全，且不得减少可供避难的净面积	
		应设置直接对外的可开启窗口或独立的机械防烟设施	设在其他建筑内时
		应靠近楼梯间，并应采用防火隔墙和防火门与其他部位分隔	
医院建筑内的手术部、高层建筑内的门诊大厅			

表12.4

<table>
<tr><td></td><td>地下或半地下</td><td colspan="2" rowspan="2">安全出口和疏散门</td></tr>
<tr><td>四级耐火</td><td>一级耐火</td></tr>
<tr><td>应为单层</td><td rowspan="3">不应设置在地下或半地下</td><td rowspan="2">房间疏散门数量应经计算确定且不应少于 2 个</td><td rowspan="2">建筑面积 $\leqslant 50m^2$ 且不位于走道尽端的房间可只设 1 个疏散门</td></tr>
<tr><td>应布置在首层</td></tr>
<tr><td></td><td>每个防火分区或防火分区每个楼层的安全出口应经计算确定，且不应少于 2 个</td><td>无例外情况</td></tr>
</table>

表12.5

<table>
<tr><td colspan="2">多层建筑</td><td>地下或半地下</td><td colspan="2" rowspan="2">安全出口和疏散门</td></tr>
<tr><td>三级耐火</td><td>四级耐火</td><td>一级耐火</td></tr>
<tr><td>不应超过 2 层</td><td>应为单层</td><td rowspan="2">不应设置在地下或半地下（建 5.4.5）</td><td>每个防火分区、防火分区每个楼层的安全出口应经计算确定且不应少于 2 个</td><td>建筑面积 $\leqslant 200m^2$ 且人数不超过 50 人的单层或多层公共建筑的首层可设 1 个出口</td></tr>
<tr><td>首层、二层</td><td>应布置在首层</td><td>医疗建筑内房间的疏散门数量应经计算确定且不应少于 2 个</td><td>除了建筑面积 $\leqslant 75m^2$ 且不位于走道尽端的房间外可只设 1 个疏散门</td></tr>
<tr><td colspan="3">设有火灾自动报警 + 自动灭火系统 + 不 / 难燃材料装修时</td><td colspan="2">地上部分防火分区最大建筑面积 $4000m^2$</td></tr>
</table>

12.6 有顶步行街

有顶步行街与一般建筑物差异较大，其防火内容从平面防火、安全疏散、立面防火、排烟、灭火设备五大方面进行了全面规定，几乎是一部微缩简化版的完整规范。其内容主要有：控制好两侧各栋建筑的面积、防火距离和分隔，避免蔓延；步行街各层规定相应的房间疏散门、疏散楼梯和对外出口，控制各部分的疏散距离；立面按规范相关条文要求规定了防火分隔措施并有所加强；通过步行街两端和顶部进行街道排烟；规定了较高的报警灭火设备要求。

特别需要注意的是，其街道内空间介于室内和室外之间，在疏散中有特殊的规定。其他竖向、水平向的防蔓延措施、疏散距离、排烟设施、自动灭火等部分，原理与其他类型一致。

有顶步行街

情况说明	平面防火		
有顶步行街餐饮、商店等商业设施通过有顶棚的步行街连接，且步行街两侧的建筑需利用步行街进行安全疏散时	两侧建筑与对面的最近距离	应≥9m	步行街的长度
		应符合相应高度的防火间距规定	街内任一点到达最近室外安全地点（指步行街外）
	步行街内	不应布置可燃物	步行街直通室外的出口疏散走道的最小净宽
	每间商铺的建筑面积	宜≤300m²	首层商铺的疏散门
			两侧建筑二层及以上各层商铺的疏散门至该层最近疏散楼梯口或其他安全出口
			两侧建筑内的疏散楼梯应靠外墙设置并宜直通室外（不是步行街内）
	两侧商铺之间	应设置防火隔墙	两侧商铺疏散门的设置数量
			商铺内任意一点至疏散门的疏散距离

表12.6

全疏散	立面防火分隔		排烟设施		灭火设备	
宜≤ 300m	步行街的顶棚下檐	距地面的高度应≥ 6.0m	两侧建筑耐火等级	不应低于二级	步行街内宜设置	自动跟踪定位射流灭火系统
步行距离应≤ 60m	相邻商铺之间面向步行街一侧应设置的实体墙	宽度≥ 1.0m、耐火极限不低于 1.00h	步行街的端部在各层均不宜封闭	确需封闭时，应在外墙上设置可开启的门窗	两侧建筑的商铺外	应每隔 30m 设置 *DN*65 的消火栓
需根据疏散人数进行核算并应≥ 1.4m，门内外 1.4m 内不设台阶				且可开启门窗的面积应≥该部位外墙面积的 50%		并应配备消防软管卷盘或消防水龙
可直接通至步行街	当步行街两侧的建筑为多层，每层面向步行街的商铺，均应设置防止火灾竖向蔓延的措施	高度不小于 1.2m 的实体墙或耐火完整性≥ 0.50h 的防火玻璃 / 外窗（建 6.2.5）	顶棚应设置自然排烟设施，并宜采用常开式排烟口	且自然排烟口的有效面积应≥步行街地面面积的 25%	两侧建筑的商铺内外	均应设置疏散照明、灯光疏散指示标识、消防应急广播系统
直线距离应≤ 37.5m						
确有困难时可在首层直接通至步行街，并在就近位置设置直通室外的疏散走道				常闭式自然排烟设施应能在火灾时手动和自动开启		
疏散走道两侧应为无任何开口的防火隔墙		设置回廊或防火挑檐时，出挑宽度应≥ 1.2m、长度不小于开口宽度	两侧商铺在上部各层需设置回廊和连接天桥时	应保证上部各层（楼面）的开口面积应≥步行街地面面积的 37%	每层回廊均应	设置自动喷水灭火系统
当建筑面积≤ 120m² 时可只设 1 个（建 5.5.15）					商铺内应设置	自动喷水灭火系统
≤ 27.5m（建 5.5.17-3）				且开口宜均匀布置		火灾自动报警系统

12.7 超大面积地下、半地下商店

超出2万m^2的地下商店，按规范必须用无开口的防火墙隔离成若干个小于2万m^2的部分。注意这并不是扩大了防火分区，而是在防火分区基础上，进一步划分高一层级的分区，类似于建筑群防火隔离带的做法。

条文又规定，确有需要连通时，可用四种方式局部连通不同区域。

整理其叙述逻辑，可概括为：如何用五种防火分隔方式，将超过2万m^2的地下商店划分为若干个小于2万m^2的区域。只不过五种措施中，一种是以防火墙彻底隔离，另外四种是可以保持局部连通的防火设施。值得注意的是，条文特地排除了防火卷帘这一不可靠的防火设施。

五种方式中，常规的是设置防火墙和防烟楼梯间。下沉广场、防火隔间和避难走道这三类分隔，都被视为安全区域，但安全程度不尽相同，需要注意条文中对其疏散条件规定的不同。

此三类防火设施在规范其他情况中均无应用，只在此出现。但在实际工程中，这三者还有更多的应用，通常可以参照本部分条文。

超大面积地下、半地下商店

防火分区设置措施（建 5.3.5）	应分隔为多个建筑面积≤ 2 万 m^2 的区域		
要求	**不连通**	**下沉式**	
主要要求	无门、窗、洞口的防火墙	不同防火分区通向下沉式广场等室外开敞空间的开口最近边缘之间的水平距离应 ≥ 13m	应能防止相邻的火灾蔓延和安全疏散
详细要求	耐火极限不低于 2.00h 的楼板	室外开敞空间用于疏散的净面积应 ≥ 169m^2	除用于人员疏不得用于其他或可能导致火延的用途
		不包括水池等景观所占用的面积	

表12.7

相邻区域确需局部连通时，采取以下四种连通方式：

室外开敞空间		防火隔间		避难走道		防烟楼梯间
设置不少于 1 部直通地面的疏散楼梯	确需设置防风雨篷时	防火隔间的墙应为防火隔墙	建筑面积应≥ 6.0m²	防火分区至避难走道入口应设置防烟前室，前室的使用面积应≥ 6.0m²	避难走道直通地面的出口不应少于 2 个，并应设置在不同方向	应采用甲级防火门
连接下沉广场的防分区需利用下沉广场进行疏散	防风雨篷不应完全封闭，四周开口部位应均匀布置，开口的面积应不小于该空间地面面积的 25%，开口高度应≥ 1.0m	不应用于除人员通行外的其他用途	不同防火分区通向防火隔间的门的最小间距应≥ 4m	避难走道的净宽度应不小于任一防火分区通向该避难走道的设计疏散总净宽度	但当避难走道仅与一个防火分区相通且该防火分区至少有 1 个直通室外的安全出口时，可（只）设置 1 个直通地面的出口	—
散楼梯的总净宽度不小于任一防火分通向室外开敞空间设计疏散总净宽度	开口设置百叶时，百叶的有效排烟面积可按百叶通风口面积的 60% 计算	（不算作完成疏散）	不同防火分区通向防火隔间的门不应计入安全出口	（避难走道不能算作完全的室外安全区域）	任一防火分区通向避难走道的门至该避难走道最近直通地面的出口距离应≤ 60m	

13. 特殊机房

特殊机房类型的条文与前面的公共建筑完全不同，规定更复杂也更偏技术细节，因而单独归为一组。笔者又根据火灾危险性，将其分为高低风险两类。

低风险机房包括水泵房、消防控制室和防烟排烟机房，自身没有火灾风险，但都是消防设计系统中重要的机房。此类经常遇到，通常不需要在整体方案设计时了解，主要是在施工图阶段深入设计。

危险机房则包括了三大类众多小类的易燃易爆的类型，需要与机电专业仔细对接以保障安全。此类并不经常遇到，但需要在方案一开始就谨慎对待，安排好其位置。

13.1 低风险机房

本表格的三类机房都是消防设备所需，其条文不多，且通常会反映在设备专业提出的条件中，设计中需与水、电、暖专业密切配合。

其中水泵房的位置虽然给出了地下二层的下限，但实际上由于其他规范限制，多数仍然在地下一层布置。

消防控制室通常兼作安保监控，其位置要求较高，对平面影响大，通常也要在方案阶段就基本确定。

两者的防水淹设施是强制性条文，虽然不起眼，但容易违反，需注意。

设备专业技术细节的有关条文，由于基本不影响建筑设计的主要内容，故不再录入。

13.2 高风险机房

高风险机房根据其危险性分作三类，即“可以/不宜/不应”布置在民用建筑内的三组功能，原则上，这些用房都建议远离民用建筑，单独设置。

当然，一部分危险性小的机房，可以在民用建筑内部或毗邻设置，但都需要进行严格的防火分隔，且要远离人员密集场所。

不应布置在民用建筑内的有四类，都需要设置单独的单层建筑并保持足够的防火间距，包括甲乙丙类危险品、液化气相关用房和车间库房。

不宜布置在民用建筑内的，原则上也应该单独设置，但有两种情况被允许，即贴邻建造或在内部设置，主要是锅炉房、变压器房间等。

可以布置在民用建筑中的，主要是柴油发电机房、民用燃气房间及自用无危险库房。

危险品用房通常需要设置自动灭火系统，并预先考虑好燃烧或爆炸的防范措施，如泄爆口和通风系统，以及更严格的疏散要求。

考虑到技术性较强且繁杂，有些还属于厂房、仓库、类别，本表没有将所有细节都录入，具体设计时还需仔细查阅规范原文，并与水、电、暖专业人员深入配合，以确保设计安全。

低风险机房　　表13.1

<table>
<tr><th>建筑类型</th><th>设置要求</th><th>高层建筑
（一、二级耐火）</th><th>多层建筑
（一、二级耐火）</th><th>地下或半地下
（一级耐火）</th><th colspan="2">安全出口和疏散门</th></tr>
<tr><td rowspan="2">水泵房（建 8.1.6）</td><td>单独建造时</td><td>—</td><td>耐火不应低于二级</td><td rowspan="2">不应设在地下三层及以下或室内外高差＞10m 的地下楼层</td><td rowspan="5">疏散门应直通室外或安全出口</td><td rowspan="5">消防水泵房和消防控制室应采取防水淹的技术措施，如门槛、排水措施（建 8.1.8）</td></tr>
<tr><td>设在建筑内时</td><td>—</td><td>—</td></tr>
<tr><td rowspan="3">消防控制室（建 8.1.7）</td><td rowspan="3">设置火灾自动报警系统和需要联动控制的消防设备的建筑（群）应设置消防控制室</td><td>单独建造的消防控制室</td><td>耐火不应低于二级</td><td></td></tr>
<tr><td>附设在建筑内的消防控制室</td><td colspan="2">宜设在建筑内首层或地下一层，并宜布置在靠外墙部位</td></tr>
<tr><td colspan="3">不应设置在电磁场干扰较强及其他可能影响消防控制设备正常工作的房间附近</td></tr>
<tr><td rowspan="2">防烟排烟风机房</td><td>要与通风空气调节系统风机的机房分别设置</td><td colspan="3">当确有困难时，排烟风机可与其他通风空气调节系统风机的机房合用</td><td colspan="2" rowspan="2">—</td></tr>
<tr><td>且防烟风机和排烟风机的机房应独立设置</td><td colspan="3">但用于排烟补风的送风风机不应与排烟风机机房合用</td></tr>
<tr><td>消防水源</td><td colspan="6">农村应设置消防水源，消防水源应由给水管网、天然水源或消防水池供给（村 5.0.5）</td></tr>
</table>

高风险机房 表13.2

<table>
<tr><th colspan="4">可布置在民用建筑内的</th></tr>
<tr><td>为满足民用建筑使用功能所设置的附属库房</td><td colspan="2">柴油发电机房（建 5.4.13）</td><td>高层民用建筑内使用可燃气体燃料的房间或部位</td></tr>
<tr><td>自用品库房、档案室、资料室等</td><td>宜布置在首层或地下一、二层</td><td>不应布置在人员密集场所的上一层、下一层或贴邻</td><td>宜靠外墙设置</td></tr>
<tr><td rowspan="4">无特殊要求（此类附属库房是指直接为民用建筑使用功能服务，在整座建筑中所占面积比例较小且内部采取了一定防火分隔措施的库房）</td><td colspan="2">机房内设置储油间时，其总储存量应≤ $1m^3$，储油间应采用耐火极限不低于 3.00h 的防火隔墙与发电机间分隔；确需在防火隔墙上开门时，应设置甲级防火门；油箱的下部应设置防止油品流散的设施</td><td rowspan="2">应采用管道供气</td></tr>
<tr><td colspan="2">柴油发电机房与电站控制室之间的密闭观察窗应达到甲级防火窗性能；连接通道应设有常闭甲级防火门（防 3.1.10）</td></tr>
<tr><td colspan="2">应设置火灾报警装置</td><td rowspan="2">并应符合国标《城镇燃气设计规范》GB 50028 的规定</td></tr>
<tr><td>应设置与柴油发电机容量和建筑规模相适应的灭火设施</td><td>建筑内其他部位设置自动喷水灭火系统时，柴油发电机房应设置自动喷水灭火系统</td></tr>
<tr><th colspan="4">不应布置在民用建筑内的</th></tr>
<tr><td>经营、存放、使用甲乙类火灾危险性物品的商店、作坊、储藏间</td><td>供建筑内使用的丙类液体燃料储罐</td><td>液化石油气瓶组间（建 5.4.17）</td><td>生产车间、库房</td></tr>
<tr><td rowspan="3">严禁附设在民用建筑内，一般要采用独立的单层建筑（建 5.4.2）</td><td>其储罐应布置在建筑外</td><td>应设置独立的瓶组间</td><td rowspan="3">除了为满足民用建筑使用功能所设置的附属库房</td></tr>
<tr><td>当设置中间罐时，中间罐的容量应≤ $1m^3$，并应设置在耐火一、二级的单独房间内</td><td>瓶组间不应贴邻住宅建筑、重要公共建筑和其他高层公共建筑</td></tr>
<tr><td>当总容量≤ $15m^3$ 且直埋于建筑附近、面向油罐一面 4.0m 范围内的建筑外墙为防火墙时，储罐与建筑的防火间距不限</td><td>液化石油气气瓶的总容积≤ $1m^3$ 的瓶组间与所服务的其他建筑贴邻时，应采用自然气化方式供气</td></tr>
</table>

续表

<table>
<tr><td colspan="4">不宜布置在民用建筑内的</td></tr>
<tr><td colspan="4">燃油、燃气锅炉、油浸变压器、充可燃油的高压电容器、多油开关等（建 5.4.12）</td></tr>
<tr><td rowspan="2">要求</td><td>宜设置在建筑外的专用房间内</td><td>确需贴邻民用建筑布置时</td><td>确需布置在民用建筑内</td></tr>
<tr><td>该专用房间的耐火等级不应低于二级</td><td>应采用防火墙与所贴邻的建筑分隔，且不应贴邻人员密集场所</td><td>不应布置在人员密集场所的上一层、下一层或贴邻</td></tr>
<tr><td rowspan="3">位置</td><td colspan="3">燃油、燃气锅炉房，变压器室应设置在首层或地下一层的靠外墙部位</td></tr>
<tr><td colspan="3">常（负）压燃油、燃气锅炉可设置在地下二层或屋顶上</td></tr>
<tr><td colspan="3">采用相对密度≥ 0.75 的可燃气体为燃料的锅炉，不得设置在地下或半地下</td></tr>
<tr><td rowspan="4">防火分隔</td><td colspan="3">锅炉房内设置储油间时，其总储存量应≤ $1m^3$ 且储油间应采用防火隔墙（及甲级防火门）与锅炉间分隔</td></tr>
<tr><td colspan="3">变压器室之间、变压器室与配电室之间，应设置防火隔墙</td></tr>
<tr><td colspan="3">35kV 以上干式变压器室应采用无任何开口的防火隔墙和楼板与其他部位分隔</td></tr>
<tr><td colspan="3">锅炉房、变压器室等与其他部位之间应采用防火隔墙、不燃性楼板及甲级防火门窗分隔</td></tr>
<tr><td rowspan="3">安全出口</td><td colspan="3">锅炉房、变压器室的疏散门均应直通室外或安全出口</td></tr>
<tr><td colspan="3">35kV 以上干式变压器室应设独立的安全出口和疏散楼梯</td></tr>
<tr><td colspan="3">设置在屋顶上的常（负）燃气锅炉，距离通向屋面的安全出口应≥ 6m</td></tr>
<tr><td rowspan="3">防灾措施</td><td colspan="3">燃气锅炉房应设置爆炸泄压设施</td></tr>
<tr><td colspan="3">油浸变压器、多油开关室、高压电容器室，应设置防止油品流散的设施油浸变压器下面应设置能储存变压器全部油量的事故储油设施</td></tr>
<tr><td colspan="3">燃油、燃气锅炉房应设置独立的通风系统</td></tr>
<tr><td rowspan="3">灭火措施</td><td colspan="3">应设置火灾报警装置</td></tr>
<tr><td colspan="3">应设置与锅炉、变压器、电容器和多油开关等的容量及建筑规模相适应的灭火设施</td></tr>
<tr><td colspan="3">当建筑内其他部位设置自动喷水灭火系统时，尽量设置自动喷水灭火系统</td></tr>
</table>

第五部分　防火构造

防火构造部分共5组9张表格，主要包括：构件耐火等级，共计2张表格；保温防火构造，共计2张表格；防火设施，共计2张表格；主要防火构件，共计2张表格；构件的耐火时间，共计1张表格。

本部分汇总了规范中所有涉及详细防火构造的内容，主要包括防火门、窗、墙等构件的耐火等级选择，保温材料的防火构造，防烟排烟设施和消防设备选用，防火构件的细节规定，以及管线及其穿越防火边界的详细要求。

本篇内容比较细碎，并不需要刻意记忆。需要熟悉其中关于防火墙、门窗、卷帘、玻璃等防火等级选用的大致原则，保温构造的三大类型及其防火性能的大致要求，其他大部分构造细节和详细规定，在深化施工图时查阅校核即可。

本篇的这些构造内容，基本不需要在方案阶段过多考虑，主要属于施工图的设计内容。

14. 构件耐火等级

本组表格的基本思路，是针对规范条文规定的数十种需要防火分隔的情况，确定对应的防火构件等级。由于这些内容几乎不会在平面设计中有影响，只在最终施工图标注时体现，因此笔者从规范的众多条文中，将关于构件耐火等级的部分剥离出来，一方面简化了这些条文，另一方面也通过汇总使确定耐火等级的工作更简单高效。

本组两个表格的格式保持一致，每张表左侧竖列都为几个主要防火分隔构件的类型，包括防火墙、防火隔墙、楼板、防火门窗、防火卷帘和其他。横排各列则列举各具体情况。同时对于强制性条文也作了标注。

第一张表格汇总了不同房间、部位的等级选择，第二张表格针对不同建筑类型具体的等级选择，便于分类查阅。

从表格中可以明显地看到几个主要构件的等级是相互匹配的，如最高级的分隔是防火分区的分隔，需要用3h防火墙和甲级防火门窗。次一级的主要是分区内安全空间的分隔，如楼梯间前室等多用2h防火隔墙和乙级防火门窗，老、幼、医、娱空间也类似。危险性更大的特殊机房或更重要的房间，则使用甲级门窗。更低一级的如疏散走道隔墙、井道、中庭分隔等，多采用1h隔墙和乙级防火门窗。整个空间的防火分隔基本形成一个完整的分层级的体系。大体来说，防火构件的等级，是和火灾蔓延的危险性相匹配的。

14.1　构件耐火等级：建筑内部

本表格将之前防火墙、楼梯间、机房、管井、地下室、防火分隔设施等构件的相关条文进行汇总，抽取了其中所有涉及构件耐火等级的内容，并在平面表格中对应条文部分去除了这些构造内容，以使其阅读、使用时更简洁。

14.2　构件耐火等级：各类建筑

本表格将之前各种特殊功能空间和类型的条文进行汇总，包括住宅、商业、步行街，抽取了其中所有涉及构件耐火等级的内容，并在平面表格中对应条文部分去除了这些构造内容，以使其阅读、使用时更简洁。

构件耐火等级：建筑内部 **表14.1**

<table>
<tr><th colspan="2">防火部位及要求</th><th>防火墙
（不燃性，耐火极限3.00h）</th><th>防火隔墙
（无门窗洞）</th><th>不燃性楼板</th><th>甲、乙、丙级防火门窗</th><th>防火卷帘</th><th>其他</th></tr>
<tr><td>防火分区</td><td>—</td><td>应采用防火墙分隔</td><td></td><td></td><td>疏散走道在防火分区处应设置常开甲级防火门（建 6.4.10）</td><td>确有困难时可用防火卷帘或防火分隔水幕</td><td></td></tr>
<tr><td>借用疏散出口</td><td>一、二级耐火等级公共建筑利用通向相邻防火分区的安全出口</td><td>与相邻分区应采用防火墙分隔</td><td></td><td></td><td>甲级防火门作为安全出口</td><td></td><td></td></tr>
<tr><td>防火墙
（建 6.1.5）</td><td>防火墙上不应开设门窗洞口</td><td></td><td></td><td></td><td>确需开设时应设置不可开启或火灾自动关闭的甲级防火门窗</td><td></td><td></td></tr>
<tr><td>建筑中庭</td><td>建筑内设置中庭时与周围连通空间应进行防火分隔</td><td></td><td>不应低于 1.00h</td><td></td><td>与中庭相连通的门窗应采用火灾自行关闭的甲级防火门窗</td><td>采用防火卷帘时，其耐火极限不应低于 3h</td><td>隔热性防火玻璃墙耐火完整性不应低于 1.00h；非隔热性时应设自动喷水灭火系统</td></tr>
<tr><td rowspan="2">建筑内设备用房
（建 6.2.7、建 5.4.12、建 5.4.13）</td><td>附设在建筑内的消防控制室、灭火设备室、消防水泵房</td><td rowspan="2"></td><td rowspan="2">不低于 2.00h</td><td rowspan="2">1.50h 的楼板</td><td>开向建筑内的门应采用乙级防火门</td><td></td><td></td></tr>
<tr><td>通风、空气调节机房、变配电室，35kV 及以下的干式变压器室、防烟、排烟风机，柴油发电机房，锅炉房、变压器室，变压器室之间、变压器室与配电室之间</td><td>开向建筑内的门应采用甲级防火门窗</td><td></td><td></td></tr>
</table>

续表

<table>
<tr><th colspan="2">防火部位及要求</th><th>防火墙（不燃性，耐火极限3.00h）</th><th>防火隔墙（无门窗洞）</th><th>不燃性楼板</th><th colspan="2">甲、乙、丙级防火门窗</th><th>防火卷帘</th><th>其他</th></tr>
<tr><td rowspan="2">建筑内设备用房（建6.2.7、建5.4.12、建5.4.13）</td><td>民用建筑内的35kV以上的干式变压器室</td><td></td><td>无开口防火隔墙</td><td>2.00h的楼板</td><td colspan="2" rowspan="2">开向建筑内的门应采用甲级防火门窗</td><td></td><td></td></tr>
<tr><td>储油间（柴油发电机房、锅炉房的）</td><td>3.00h防火墙</td><td></td><td></td><td></td><td></td></tr>
<tr><td>建筑内的电梯井等竖井（建6.2.9）</td><td>竖向井道分别独立设置</td><td></td><td>井壁耐火极限不应低于1.00h</td><td>电缆井、管道井应在每层楼板处采用不低于楼板耐火极限的不燃材料、防火封堵材料封堵</td><td>电梯层门的耐火极限不应低于1.00h</td><td>井壁上检查门应采用丙级防火门</td><td>垃圾道宜靠外墙设置，排气口应直接开向室外，垃圾斗应采用不燃材料并能自行关闭</td><td>电梯井、电缆井、管道井、排烟道、排气道、垃圾道等</td></tr>
<tr><td rowspan="2">封闭楼梯间（建6.4.2）</td><td>封闭楼梯间的门</td><td></td><td></td><td></td><td colspan="2">高层建筑、人员密集公共建筑应采用乙级防火门</td><td></td><td></td></tr>
<tr><td>首层扩大的封闭楼梯间与其他走道和房间分隔</td><td></td><td></td><td></td><td colspan="2" rowspan="2">应采用乙级防火门</td><td></td><td></td></tr>
<tr><td>防烟楼梯间（建6.4.3）</td><td>疏散走道通向前室、前室通向楼梯间的门、首层扩大前室的门</td><td></td><td></td><td></td><td></td><td></td></tr>
<tr><td>地下室楼梯间（建6.4.4）</td><td>首层与其他部分的隔墙，与地上楼梯间共用时的隔墙</td><td></td><td>2.00h防火隔墙</td><td></td><td colspan="2">确需在隔墙上开门时，应采用乙级防火门</td><td></td><td>除住宅建筑套内自用楼梯外</td></tr>
</table>

续表

防火部位及要求		防火墙（不燃性，耐火极限3.00h）	防火隔墙（无门窗洞）	不燃性楼板	甲、乙、丙级防火门窗	防火卷帘	其他
剪刀梯	高层公共建筑剪刀楼梯间梯段之间隔墙		不低于 1.00h				
室外疏散楼梯（建 6.4.5）	梯段和平台均应采用不燃材料			平台的耐火极限不应低于 1.00h 梯段的耐火极限不应低于 0.25h	通向室外楼梯的门应采用乙级防火门		
消防电梯（建 7.3.6）	前室、合用前室				应采用乙级防火门	不应设置卷帘	
	消防电梯井、机房与相邻电梯井、机房之间		不低于 2.00h		隔墙上的门应采用甲级防火门		
窗槛墙、户间墙；外窗，防火玻璃墙	当上下层开口之间设置实体墙或防火玻璃墙		实体墙、防火挑檐、隔板的耐火极限燃烧性能均不应低于相应耐火等级建筑外墙的要求		外窗的耐火完整性不应低于防火玻璃墙的耐火完整性要求		高层建筑的防火玻璃墙的耐火完整性不应低于 1.00h，多层建筑不应低于 0.50h
	住宅建筑外墙上相邻户开口之间的防火墙体、开口之间突出外墙的防火隔板						

续表

防火部位及要求		防火墙（不燃性，耐火极限3.00h）	防火隔墙（无门窗洞）	不燃性楼板	甲、乙、丙级防火门窗	防火卷帘	其他
附属用房	宿舍、公寓建筑中的公共厨房和其他建筑内的厨房		不低于2.00h		乙级防火门窗	确有困难时，可采用防火卷帘	除居住建筑套内的厨房外
	民用建筑内的附属库房						
	剧场后台的辅助用房						
	附设在住宅建筑内的机动车库						
	建筑物内的汽车库与其他部位之间	应采用防火墙分隔		不低于2.00h			（包括屋顶停车场）
车库电梯厅	汽车库内的汽车坡道	两侧应用防火墙与停车区隔开			坡道的出入口应采甲级防火门	或水幕、防火卷帘	全设自动灭火除外敞开式汽车库、斜楼板式汽车库除外
	汽车库内的电梯候梯厅隔墙		不低于2.00h		乙级防火门		附属车库内直通所属建筑内的电梯
避难走道	避难走道		不应低于3.00h	不应低于1.50h	开向前室的门应采用甲级防火门 前室开向避难走道的门应采用乙级防火门		内部装修材料的燃烧性能应为A级
防火隔间	防火隔间		不低于3.00h		防火隔间的门应采用甲级防火门		
舞台台口	剧场、会堂、礼堂的舞台口及与舞台相连的侧台、后台的洞口		宜设置水幕系统		侧台、后台的较小洞口宜设置乙级防火门窗		

构件耐火等级：各类建筑

防火构件	住宅建筑的防火门窗					设商业服务网点的住宅（建5.4.11）		住宅建筑与非商业服务网点合建（建5.4.10）			地下或半地商店
—	住宅建筑高≤21m电梯井相邻布置的疏散楼梯采用敞开楼梯间	21m＜住宅建筑高≤33m，采用敞开楼梯间	住宅建筑高＞33m户门直接开向前室时	27m＜住宅建筑高≤54m，每单元只设1部疏散楼梯时（屋面连通）	住宅建筑＞54m，每户应有1间避难房间	设置商业服务网点的住宅建筑，居住与商业之间的隔离	每个分隔单元之间	单多层住宅部分与非住宅部分之间	高层住宅部分与非住宅部分之间	地下汽车库与住宅部分的疏散楼梯之间设置连通走道	总建筑面积＞万 m^2 地下半下商店划分为个分区的隔
防火墙（不燃性，耐火极限3.00h）											无门窗洞口防火墙
防火隔墙（无门窗洞）					内外墙体的耐火极限不应低于1.00h	应不低于2.00h				走道应采用防火隔墙分隔	
不燃性楼板						不低于1.50h			不低于2.00h		不低于2.00
甲、乙、丙级防火门窗	户门需采用乙级防火门				房间的门宜采用乙级防火门	且无门窗洞口				汽车库开向该走道的门均应采用甲级防火门	
防火卷帘						且无门窗洞口					
其他	住宅建筑构件的耐火极限和燃烧性能按《住宅建筑规范》				外窗的耐火完整性不宜低于1.00h						

表14.2

有顶步行街			娱乐场所	观演建筑				老幼、医疗用房		
街连通室疏散走道侧隔墙	步行街两侧建筑的商铺之间分隔	步行街两侧建筑的商铺面向步行街一侧的围护构件的耐火极限	歌舞娱乐放映游艺场所厅室之间及与建筑的其他部位之间的隔墙（建 5.4.9）	舞台与观众厅之间的隔墙	舞台上部与观众厅闷顶之间的隔墙	舞台下部的灯光操作室和可燃物储藏室的隔墙	电影放映室、卷片室隔墙（观察孔和放映孔应采取防火分隔措施）	医疗建筑的特殊用房、儿童活动场所、老年人活动场所（建 6.2.2）	高层病房楼在二层及以上的病房楼层和洁净手术部的避难间（建 5.5.24）	医院和疗养院的病房楼内相邻护理单元之间（建5.4.5）
于 2.00h 壬何开口	不低于 2.00h	不应低于 1.00h 并宜采用实体墙	不低于 2.00h	不低于 3.00h	不低于 1.50h	不低于 2.00h	不低于 1.50h	不低于 2.00h	不低于 2.00h	不低于 2.00h
			不低于 1.00h					1.00h		
		应采用乙级防火门窗耐火隔热性和耐火完整性不应低于 1.00h	设置在厅室墙上的门和该场所与建筑内其他部位相通的门均应采用乙级防火门		隔墙上的门应采用乙级防火门			墙上应采用乙级防火门窗	甲级防火门	隔墙上的门应采用乙级防火门 设置在走道上的防火门应采用常开防火门
		当采用防火玻璃墙、门窗时，不应低于 1.00h，非隔热性时应设置闭式自动喷水灭火系统	歌舞厅、录像厅、夜总会、卡拉 OK 厅、卡拉OK餐厅、游艺厅、电子游艺厅、桑拿浴室（不含洗浴部分）、网吧等，不含剧场电影院					手术室、手术部、产房、重症监护室、贵重精密医疗装备用房、储藏间、实验室、胶片室等、设在建筑内的托儿所、幼儿园的儿童用房、儿童游乐厅等		

15. 保温防火构造

本部分规范的基本思路，是针对三大保温类型：外保温、内保温、夹芯保温，根据建筑类型、高度，规定可选择的保温材料最低燃烧性能，并对具体的防火构造措施作出规定。

本组表格将表达在单一条文里的三大技术措施进行重新拆解组合，最终根据条文规定，分别标记到具体的保温材料选用表格中去，这样只需要根据建筑类型和选用的保温材料燃烧性能，就能查到所需采取的防火构造措施，避免了反复阅读条文中拗口的例外情况的表述。

简单来说，高度越高、越重要的建筑，保温材料燃烧等级要求越高，保温构造要求也越高。

两张表格是同样格式，只是分别针对外保温和内保温及夹芯保温，以避免表格过长，查阅不便。

保温防火构造：外保温

材料性能	外保温		与基层墙体/装饰层之间无空腔的建筑外墙外保温系统（薄抹灰外保温系统				
—	内有人员密集场所的建筑（建6.7.4）	独立建造的老年人照料设施、组合建造且老年人部分总建筑面积＞$500m^2$	住宅建筑			公共建筑（不	
		除了夹芯保温	高度＞100m	27m＜高度≤100m	高度≤27m	高度＞50m	24m＜高 ≤50m
A（不燃材料）	应为A	应为A	应为A			应为A	
B_1（难燃材料）				不应低于B_1门窗≥0.50h+隔离带需外防护层	不需隔离带需外防护层		不应低于B_1 ≥0.50h+隔离带 护层
B_2（可燃材料）					不应低于B_2门窗≥0.50h+隔离带需外防护层		
B_3（易燃材料）							

15.1　保温防火构造：外保温

本表格整合了外保温材料选用的几种情况。其中拗口的保温体系名称实际上就是抹灰、幕墙这两种外保温。规范针对住宅和公共建等各自的几个高度等级，规定了需选择的保温材料燃烧性能。因为多年来可燃保温材料造成多次重大火灾，规范对B_1和B_2级保温材料提出了更加严格的防火构造要求，适用范围也受到了限制。具体构造要求也列在了表格右部，这部分是本组最复杂的部分，主要包括不燃保护层、防火隔离带和门窗耐火性三个技术措施。针对幕墙外保温，额外增加了空腔封堵的构造。

15.2　保温防火构造：内保温、夹芯保温和其他

除了内保温和夹芯保温，本表格还将屋面外保温、外

表15.1

（建6.7.5）		有空腔的建筑外墙外保温系统（幕墙外保温等）（建6.7.6）		外保温技术措施				
员密集场所）		除内有人员密集场所的建筑外		门窗≥0.50h	隔离带		外墙外保温系统应采用不燃材料在其表面设置防护层，其应将保温材料完全包覆	
	高度≤24m	高度＞24m	高度≤24m	外墙门窗耐火完整性不低于0.50h	保温系统中每层设置水平防火隔离带	防火隔离带的高度应≥300mm	首层保护层厚度应≥15mm	其他层保护层厚度应≥5mm
		应为A			防火隔离带应采用A级材料			
方	不需隔离带需外防护层		不应低于B_1隔离带需外防护层	门窗耐火要求已标注在具体表格中	防火隔离带主要针对B级材料中楼体较高的类型。（针对幕墙）建筑外墙外保温系统与基层墙体、装饰层之间的空腔，应在每层楼板处采用防火封堵材料封堵。隔离带要求已标注在具体表格中		针对B_1和B_2保温材料的外保温系统和幕墙外保温系统。保护层要求已标注在具体表格中	
	不应低于B_2门窗≥0.50h+隔离带需外防护层							

保温防火构造：内保温、夹芯保温和其他

材料性能	全体	内保温（建6.7.2）		夹芯保温	屋面外保温			建筑外墙的装饰层	
—	建筑内外保温系统保温材料	对于人员密集场所，用火、燃油、燃气等火灾危险性场所及各类建筑内的疏散楼梯间、避难走道、避难间、避难层等场所或部位保温材料	其他场所保温材料	无空腔复合保温结构体	屋面板耐火极限≥ 1.00h 时	屋面板耐火极限＜1.00h 时	屋面和外墙外保温均采用 B_1/B_2 级保温材料时	建筑高度＞50m	建筑高度≤ 50m
			应低烟 / 低毒	两侧墙体采用不燃材料且厚度均应≥ 50mm	采用 B_1、B_2 级保温材料的外保温系统应采用不燃材料作防护层		屋面与外墙之间应采用不燃材料设置防火隔离带	该装饰材料不包括建筑外墙表面的饰面涂料	
A（不燃材料）	宜采用 A	应采用 A					防火隔离带宽度≥ 500mm	应采用 A	
B_1（难燃材料）			不低于 B_1 不燃材料保护层厚度≥ 10mm		不燃防护层≥ 10mm	不应低于 B_1 不燃防护层≥ 10mm			可采用 B_1
B_2（可燃材料）	不宜 B_2			可用 B_2	不应低于 B_2 不燃防护层≥ 10mm				
B_3（易燃材料）	严禁采用 B_3								

表15.2

其他	外墙保温系统分为系统三大系统		
火隔间、难走道内装修材料燃烧性能	外墙内保温系统、无空腔复合保温结构体、外墙外保温		
应为 A	幕墙外保温≈在类似建筑幕墙与建筑基层墙体间存在空腔的外墙外保温系统	薄抹灰外保温系统≈保温材料与基层墙体及保护层或装饰层之间均无空腔的保温系统，该空腔不包括采用粘贴方式施工时在保温材料与墙体找平层之间形成的空隙	夹芯保温等系统≈外墙采用保温材料与两侧墙体构成无空腔复合保温结构体，该类保温体系的墙体同时兼有墙体保温和建筑外墙体的功能
	B_2级：普通 EPS、XPS 保温板等	B_1级：加阻燃剂的 EPS 膨胀聚苯泡沫保温板与 XPS 挤塑板等	A 级：玻璃棉、岩棉板、泡沫玻璃、玻化微珠等

墙装饰层的要求也按同样格式整合到表中，方便对照选用。

内保温相对简单，但火灾危险性大，因此需要使用A级材料。而夹芯保温是最耐火的，可以用B_2级，但构造也更复杂。规范中对三种主要保温的定义和举例也汇总到表格右部，方便查阅。

16. 防火设施

本部分规范的基本思路，是针对不同重要性和危险性的建筑类型，设置相应的报警、灭火和防烟排烟设施。

其中防烟排烟设施相对简单，主要针对建筑空间进行规定。防火机电设备则因机电设备本身的种类繁多、技术复杂，其表格也非常庞杂。

在具体设计中，还需与水、电、暖各专业密切配合，仔细查阅规范原文，以确保设计安全。

16.1 防烟排烟设施

防烟排烟设施对立面、细节、构造和管井机房设计影响较大，特别是外立面排烟窗的设计，不但影响到立面效果，而且经常需要设法满足自然排烟、避免设置机械排烟以节约成本。对必须做机械排烟的情况，也要提前安排好机房位置和管井线路，以免后期修改困难。

规范对防烟楼梯间防烟排烟的自然通风方式作了较详细的规定，机械排烟方式则需要以暖通专业为主进行细化设计。对公共建筑房间中需做排烟的情况，属于容易违反的强制性条文，要格外仔细地与暖通专业配合。

汽车库规范中对排烟有强制性条文要求，因此也并入本表格方便查阅。

对于楼梯间自然通风方式中的细化设计要求，如条文要求“每5层设外窗”和“布置间隔≤3层”的关系，看似有点矛盾，其实就是要在5层里至少有2层设窗，就能满足间隔不大于3层，开窗面积是5层内所有外窗累加的，这个可以达到。

合用前室要达到自然排烟则要求更高，如果不想全敞开造成雨水进入，则开窗面积和方向都要很大，并不容易满足，特别是住宅前室设计时需仔细考虑。

16.2 防火机电设备

防火的机电设备包括室内外消火栓、软管卷盘、自动报警、自动灭火、应急照明和疏散指示等整个设备体系，

防烟排烟设施

建筑类型及条件		
楼梯间和前室（建 8.5.1）	消防电梯间前室	具备全敞开前室、凹 自然排烟外窗，且两 别不小于：
	防烟楼梯间前室	
	共用前室、合用前室	
	防烟楼梯间	
	剪刀楼梯间	
	剪刀梯共用前室与消防电梯合用前室	
	避难走道的前室、避难层（间）	
公共建筑房间（建 8.5.3）		位置
	地上房间	—
	地上房间	
	建筑内的疏散走道	
	中庭	
	歌舞娱乐放映游艺场所	设置在一、二
		设置在四层及
		设置在地下或
地下或无窗房间（建 8.5.4）	当总建筑面积＞ $200m^2$	地下半地下房间或
	或一个房间建筑面积＞ $50m^2$	
汽（修）车库（汽 8.2.1）		
	—	地下一
封闭楼梯间或防烟楼梯间	—	应在最高部
	采用自然通风方式时（烟 3.2.1）	面积≥ $1.0m^2$ 的可开
	设机械加压送风系统时（烟 3.3.11）	面积≥ $1m^2$ 的

表16.1

建筑高度≤100m的住宅建筑，建筑高度≤50m的公共建筑			建筑高度>100m的住宅建筑，建筑高度>50m的公共建筑
不同方向窗面积分	2.0m²	可以采用自然通风方式否则需采用机械加压送风系统	应采用机械加压送风系统（烟 3.1.2）
	3.0m²		
	—		当前室的机械加压送风口设置在前室的顶部或正对前室入口的墙面时，楼梯间可采用自然通风系统
其两个楼梯间及其前室的机械加压送风系统应分别独立设置			
宜采用机械加压送风方式的防烟系统			
有不同朝向的可开启外窗，其有效面积不应小于该避难层（间）地面面积的 2%，且每个朝向的面积不应小于 2.0m²，可采用自然通风方式的避难层（间）			
	面积、长度	人或物情况	应设置排烟设施
	建筑面积> 100m²	且经常有人停留	
	建筑面积> 300m²	且可燃物较多的	
	长度> 20m	—	
—			
层	建筑面积> 100m²	—	
楼层	—		
下的			
无窗房间	—		
	—	经常有人停留或可燃物较多	
敞开式汽车库			不需设排烟系统
	建筑面积小于 1000m²	—	
其他汽车库、修车库			应设排烟系统，并应划分防烟分区
置	应在楼梯间外上每 5 层内设	—	
窗、开口	总面积≥ 2.0m² 的可开启外窗、开口	建筑高度> 10m 时，且布置间隔≤ 3 层	
窗	总面积≥ 2m² 的固定窗	仅靠外墙的防烟楼梯间	

防火机电设备

防火设备	高层民用建筑								
	高层公共建筑		住宅		地下或半地下	办公	商业	交通	文化
	一类高层公共建筑	二类高层公共建筑				办公建筑等	展览、商店、餐饮、旅馆	车站、码头、机场的等候建筑	广电
火灾自动报警系统（建 8.4.1）	全部一类高层公共建筑	建筑面积>50m^2的可燃物品库房	54m<住宅建筑≤100m	高层住宅≥54m的	总建筑面积>500m^2的地下或半地下商店、展览厅、观众厅等公共活动场所	任一层建筑面积>500m^2或总建筑面积>1000m^2的（旅馆建筑全部设置）（住宅底部商业服务网点总建筑面积>1000m^2时）			地市级及以上 播电视建筑、 政建筑、电信 筑、城市或区 性电力、交通 防灾等指挥调 建筑
		建筑面积>500m^2的营业厅	公共部位宜设置；当设联动控制设施时应设	其公共部位应设置；套内宜设置火灾探测器	Ⅰ类汽（修）车库；Ⅱ类地下半地下汽（修）车库（汽 9.0.7）	财贸金融	商店、展览、旅馆住宅底商	客运和货运等类似用途的建筑	
自动灭火系统（建 8.3.3、建 8.3.4、建 8.3.7）	一类高层公共建筑及其地下半地下室（除游泳池、溜冰场外）	二类高层公共建筑及其地下半地下室的公共活动用房、走道、办公室和旅馆的客房、可燃物品库房、自动扶梯底部	建筑高度>100m的住宅建筑		总建筑面积>500m^2地下或半地下商店、展览厅、观众厅等公共活动场所	设送回风道（管）的集中空气调节系统且总建筑面积>3000m^2	任一层建筑面积>1500m^2或总建筑面积>3000m^2		建筑面积≥40 的演播室，建 面积≥500m^2 电影摄影棚
	歌舞娱乐放映游艺场所				停车数大于 10 辆的地下、半地下汽车库（汽 7.2.1）		面积>1000m^2的餐馆食堂烹饪操作间排油烟罩及烹饪部位应设		应设雨淋自动水灭火系统

表16.2

单、多层民用建筑								机房类	其他
	观演类			老幼医疗类			娱乐类		
图书馆	剧场、影院	会堂或礼堂	体育馆	医院	幼儿园托儿所	老年人照料设施	地上歌舞娱乐放映游艺场所（除游泳场所外）		
重要的档案馆/博物馆	特等、甲等剧场；超过800个座位其他等级剧场/电影院	座位数超过2000个	座位数超过3000个	疗养院的病房楼不少于100床位的医院门诊楼、病房楼和手术部等	任一层建筑面积>500m²或总建筑面积>1000m²的其他儿童活动场所	老年人用房及其公共走道，均应设置火灾探测器和声警报装置	娱乐场所全部设置	电子信息系统的主机房及其控制室、记录介质库，特殊贵重或火灾危险性大的机器，仪表、仪器设备室，贵重物品库房	设置机械排烟/防烟系统、雨淋或预作用自动喷水灭火系统、固定消防水炮灭火系统等需与火灾自动报警系统联锁动作的场所或部位
书量超过万册的图书馆				任一层建筑面积>1500m²或总建筑面积>3000m²的医院病房楼、门诊楼和手术部	全部设置			净高>2.6m且可燃物较多的技术夹层	净高>0.8m且有可燃物的闷顶或吊顶内（建8.4.3）；建筑内可能散发可燃气体、可燃蒸气的场所应设置可燃气体报警装置
							设置在地下或半地下或地上四层及以上楼层的	充可燃油并设置在高层民用建筑内的高压电容器和多油开关室。宜采用水喷雾灭火系统（建8.3.8）	Ⅰ、Ⅱ、Ⅲ类非开敞地上汽车库；Ⅰ类修车库（汽7.2.1）
	舞台葡萄架下部应设雨淋自动喷水灭火系统	舞台葡萄架下部应设雨淋自动喷水灭火系统	超过5000人体育场的室内人员休息室与器材间				设置在首、二、三层且任一层建筑面积＞300m²		机械式汽车库；采用汽车专用升降机作汽车疏散出口的汽车库（汽7.2.1）

防火设备	高层民用建筑							
	高层公共建筑		住宅	地下或半地下	办公	商业	交通	文化
	一类高层公共建筑	二类高层公共建筑			办公建筑等	展览、商店、餐饮、旅馆	车站、码头、机场的等候建筑	广电
室内消火栓（建 8.2.1）	高层公共建筑		21m ＜住宅建筑≤ 27m 确有困难时可只设置干式消防竖管和不带消火栓箱的 *DN*65 的室内消火栓	超过 5 辆的汽车库、修车库、停车场应设置消防给水系统（汽 7.1.5、汽 7.1.8）	建筑高度>15m 或体积>10000m³ 的办公、教学建筑	体积>5000m³ 展览、商店、旅馆建筑	体积>5000m³	
消防软管卷盘或轻便消防水龙	建筑高度>100m 的建筑		高层住宅建筑的户内宜配置轻便消防水龙			建筑面积>200m² 商业服务网点		
水幕系统、水炮系统（建 8.3.5）、气体灭火系统（建 8.3.9）	高层民用建筑内超过 800 个座位的剧场、礼堂的舞台口及与舞台相连的侧台后台的洞口					根据本规范要求难以设置自动喷水灭火系统的展览厅、观众厅等人员密集的场所		中央、省级广 电视中心内建 面积≥ 120m² 音像制品库
	水幕系统					应设置其他自动灭火系统，并宜采用固定消防炮等灭火系统		气体灭
消防应急照明和疏散指示标识（建 10.3.1）	除建筑高度≤ 27m 的住宅建筑外，民用建筑的下列部位需设：			建筑面积大于 100m² 的地下或半地下公共活动场所	观众厅、展览厅、多功能厅和建筑面积大于 200m² 的营			
室外消火栓（建 8.1.2）	城镇（包括居住区、商业区、开发区、工业区等）应沿可通行消防车的街道设置市政消火栓系统				民用建筑周围应设置室外			

续表

单、多层民用建筑								机房类	其他
	观演类			老幼医疗类			娱乐类		
…书馆	剧场、影院	会堂或礼堂	体育馆	医院	幼儿园 托儿所	老年人照料设施	地上歌舞娱乐放映游艺场所（除游泳场所外）		
…积> …00m³	特等、甲等剧场；超过800个座位其他等级剧场/电影院	超过1200个座位		体积>5000m³医疗建筑		体积>5000m³	国家级文物保护单位的重点砖木或木结构的古建筑，宜设置室内消火栓系统		建筑高度>15m或体积>10000m³的其他单多层民用建筑
					应设与室内供水系统直连的消防软管卷盘设置间距应≤30.0m				室内无生产生活给水管道，室外消防用水取自储水池且建筑体积≤5000m³的其他建筑宜设置卷盘或轻便水龙
…、省级或…书量超过…万册的图…内的特藏…中央和省…案馆内的…库和非纸…档案库；	特（甲）等剧场；超过1500个座位的其他等级的剧场	超过2000个座位的会堂或礼堂					一级纸绢质文物的陈列室 大中型博物馆内的珍品库房		应设置防火墙等防火分隔物而无法设置的局部开口部位
	舞台口及上述场所内与舞台相连的侧台、后台的洞口								需要防护冷却的防火卷帘或防火幕的上部
…统	水幕系统						气体灭火系统	水幕系统	
餐厅、演播室等 人员密集的场所				公共建筑内的疏散走道			封闭楼梯间/防烟楼梯间及其前室、消防电梯间前室、合用前室、避难走道、避难层（间）		
…栓系统	用于消防救援和消防车停靠的屋面上，应设置室外消火栓系统								

其中自动灭火又分喷水、水幕、气体、水炮等多种技术。对于建筑设计影响不算太大，主要是配合各专业工作。

其中大部分设备的选用标准都依据建筑高度和房间、功能类型。其规定也比较相似，因此本表格以相同形式将这几类设备规定整合起来，可以对比参照。

这些设备中，最普遍选用的是室内消火栓和火灾自动报警系统，但这两项对建筑设计影响不大；对建筑影响最大的是自动灭火系统，因为会影响到防火分区面积和疏散走道长度。在日常设计中，需要对设置自动灭火的情况有所了解，并与水专业工程师保持沟通。

其他一些纯设备专业的内容如消防结合泵就没有录入本表，如有需要请自行查阅规范或请教相关专业工程师。

本部分内容有关消防系统及设施的设计还涉及《消防给水及消火栓系统技术规范》GB 50974、《自动喷水灭火系统设计规范》GB 50084、《火灾自动报警系统设计规范》GB 50116等，有需要时读者可自行查阅。

17. 主要防火构件

本部分规范对防火卷帘、防火门窗、防火墙、防火隔墙等主要的防火分隔构件以及天桥、栈桥、管道、管

管线和边界		
防火墙	防火墙应直接设在建筑的基础、框架、梁等承重结构上（建6.1.1	
	防火墙的构造（建6.1.7）	
	可燃气体和甲乙丙类液体的管道严禁穿过防火墙（建6.1.5	
	其他管道不宜穿过防火墙	
防火隔墙	防火隔墙	
	住宅分户墙和单元之间的墙	
变形缝	变形缝内的	
	确需穿过时	
暖通管道	防烟、排烟、供暖、通风、空气调节系统中的管道及建筑内的其他管道（建6.3.5）	穿过防火楼板、防
	受高温或火焰作用易变形的管道	
暖通设施	可燃气体管道、甲乙丙类液体管道	
	通风和空气调节系统	
	竖向风管应设置在管井内	
竖井	电梯井	应独立设置（建6.2.9）
	电缆井、管道井	
	排烟道、排气道	
	垃圾道	
保温材料	电气线路不应穿越或敷设在燃烧性能为 B_1 或 B_2 级的保温材料	
	设置开关 / 插座等电器配件的部位周围	

表17.1

	应从楼地面基层隔断至梁、楼板或屋面板的底面基层	结构耐火极限不应低于防火墙的耐火极限
	应能在防火墙任意一侧的屋架、梁、楼板等受到火灾的影响而破坏时	不会导致防火墙倒塌
	防火墙内不应设置排气道	没有例外
	确需穿过时	
	应采用防火封堵材料将墙与管道之间的空隙紧密填实	穿过防火墙处的管道保温材料，应采用不燃材料
		当管道为难燃、可燃材料时，应在防火墙两侧的管道上采取防火措施
	应隔断至梁、楼板或屋面板的底面基层（建6.2.4）	应从楼地面基层隔断
		屋面板的耐火极限不应低于0.50h
材料和变形缝的构造基层		应采用不燃材料
电线、电缆、可燃气体、甲乙丙类液体的管道不宜穿过建筑内的变形缝		
	应在穿过处加设不燃材料制作的套管或采取其他防变形措施	并应采用防火封堵材料封堵
、	在穿越防火隔墙、楼板、防火墙处的孔隙	应采用防火封堵材料封堵
时	穿越处风管上的防火阀、排烟防火阀两侧各2.0m范围内的风管	风管外壁应采取防火保护措施或采用耐火风管，不应低于墙、板的耐火极限
	在贯穿楼板部位和穿越防火隔墙的两侧，宜采取阻火措施	
	不应穿过通风机房和通风管道	且不应紧贴通风管道的外壁敷设
横向宜按防火分区设置		当管道设置防止回流设施或防火阀时， 管道布置可不受此限制
竖向不宜超过 5 层		
	或者采用耐火极限不低于 1.00h 的耐火管道	
	井内严禁敷设可燃气体、甲乙丙类液体管道，不应敷设与电梯无关的电缆电线	电梯井壁除设置电梯门、安全逃生门、通气孔洞外，不应设置其他开口
	与房间、走道等相连通的孔隙应采用防火封堵材料封堵	应在每层楼板处采用不燃材料或防火封堵材料封堵
	—	
	宜靠外墙设置，排气口应直接开向室外，垃圾斗应采用不燃材料制作并应能自行关闭	
	确需穿越或敷设时	应采取穿金属管并在金属管周围采用不燃隔热材料进行防火隔离等防火保护措施
	应采取不燃隔热材料进行防火隔离等防火保护措施	

防火卷帘、防火门窗、天桥、栈桥、管沟 **表17.2**

<table>
<tr><td rowspan="9">防火卷帘（建 6.5.3、《防火卷帘》GB 14102）</td><td>分隔防火分区</td><td colspan="2">防火分区间应采用防火墙分隔，确有困难时可采用防火卷帘等防火分隔设施分隔</td><td colspan="2">实际使用过程中，防火卷帘存在防烟效果差、可靠性低等问题，导致建筑内的防火分隔可靠性差，易造成火灾蔓延扩大</td></tr>
<tr><td rowspan="3">卷帘宽度</td><td>防火分隔部位宽度≤30m 时</td><td>卷帘宽度应≤10m</td><td rowspan="3">中庭除外</td><td rowspan="3">不宜采用侧式防火卷帘</td></tr>
<tr><td rowspan="2">防火分隔部位宽度>30m 时</td><td>卷帘宽度应≤该部位宽度的 1/3</td></tr>
<tr><td>且应≤20m</td></tr>
<tr><td>应具防烟性能</td><td colspan="4">与楼板、梁、墙、柱之间的空隙应采用防火封堵材料封堵</td></tr>
<tr><td rowspan="4">耐火极限</td><td colspan="4">不应低于本规范对所设置部位墙体的耐火极限要求</td></tr>
<tr><td rowspan="3">防火卷帘的耐火极限符合《门和卷帘耐火试验方法》GB/T 7633</td><td>同时符合耐火完整性和耐火隔热性</td><td colspan="2">可不设置自动喷水灭火系统保护</td></tr>
<tr><td rowspan="2">仅符合耐火完整性</td><td rowspan="2">应设置自动喷水灭火系统保护</td><td>符合《自动喷水灭火系统设计规范》</td></tr>
<tr><td>且火灾延续时间应≥该防火卷帘的耐火极限</td></tr>
<tr><td rowspan="2">防火门（《防火门》GB 12955）</td><td rowspan="2">常开或常闭防火门</td><td colspan="2">设置在建筑内经常有人通行处的防火门宜采用常开防火门</td><td colspan="2">常开防火门应能在火灾时自行关闭，并应具有信号反馈的功能</td></tr>
<tr><td colspan="2">除允许设置常开防火门的位置外，其他位置的防火门均应采用常闭防火门</td><td colspan="2">常闭防火门应在其明显位置设置“保持防火门关闭”等提示标识</td></tr>
</table>

续表

<table>
<tr><td rowspan="5">防火门
（《防火门》
GB 12955）</td><td rowspan="3">防火门应具有自行关闭功能</td><td colspan="2">防火门关闭后应具有防烟性能</td></tr>
<tr><td colspan="2">双扇防火门应具有按顺序自行关闭的功能</td></tr>
<tr><td colspan="2">除管井检修门和住宅的户门外</td></tr>
<tr><td>门禁</td><td>防火门应能在其内外两侧手动开启</td><td>除需要门禁控制的疏散门除外</td></tr>
<tr><td>变形缝</td><td>设置在建筑变形缝附近时，防火门应设置在楼层较多的一侧</td><td>并应保证防火门开启时门扇不跨越变形缝</td></tr>
<tr><td>防火窗
（《防火窗》
GB 16809）</td><td colspan="2">设置在防火墙、防火隔墙上的防火窗，应采用不可开启的窗扇或具有火灾时能自行关闭的功能</td><td></td></tr>
<tr><td rowspan="5">天桥</td><td colspan="2">天桥</td><td>应采用不燃材料</td></tr>
<tr><td colspan="2">封闭天桥与建筑物连接处的门洞</td><td>宜采取防止火灾蔓延的措施</td></tr>
<tr><td colspan="2">连接两座建筑物的天桥、连廊</td><td>应采取防止火灾在两座建筑间蔓延的措施</td></tr>
<tr><td colspan="2">当仅供通行的天桥、连廊采用不燃材料</td><td rowspan="2">该出口可作为安全出口</td></tr>
<tr><td colspan="2">且建筑物通向天桥、连廊的出口符合安全出口的要求时</td></tr>
<tr><td rowspan="4">栈桥</td><td colspan="2">输送有火灾、爆炸危险物质的栈桥</td><td>不应兼作疏散通道（建 6.6.2）</td></tr>
<tr><td colspan="2">供输送可燃材料、可燃气体和甲、乙、丙类液体的栈桥</td><td rowspan="2">应采用不燃材料</td></tr>
<tr><td colspan="2">跨越房屋的栈桥</td></tr>
<tr><td colspan="2">栈桥与建筑物连接处的门洞</td><td rowspan="2">均宜采取防止火灾蔓延的措施</td></tr>
<tr><td>管沟</td><td colspan="2">敷设甲、乙、丙类液体管道的封闭管沟（廊）</td></tr>
</table>

线等构件的防火要求作了详细规定。

对防火分隔构件，重点在于保证其防火隔离的可靠性；对管线等构件，则主要控制其穿越防火分隔时的危险性。两部分内容各自整合成一张表格，方便读者有系统性地对照阅读。

17.1 管线和边界

本表格中虽然防火墙、防火隔墙自身的规定很重要，但更重要且复杂的则是各种常见管线穿过防火墙、防火隔墙、变形缝等边界的防火封堵构造做法，做施工图设计时有必要作基本了解。因其非常细碎，强制性条文多，涉及多个专业，以及防火分区、变形缝设置等较麻烦，所以特别需要与各专业做好协同设计工作，以保障设计安全。

17.2 防火卷帘、防火门窗、天桥、栈桥、管沟

防火卷帘、防火门窗是最主要的可开启防火构件，除了耐火性能，规范作了很多涉及开闭的规定，虽然较为零碎，但防火卷帘的部分还是比较重要的，施工图设计中要仔细对照。

天桥部分最主要的应用在于作为安全出口的情况，因而其自身如何符合安全出口要求也比较重要，笔者理解，这类似于室外疏散楼梯要做好防止室内火焰蔓延出来的隔离设计，值得注意。

18. 构件的耐火时间

本组规范只有1张表格，规定了4个耐火等级，是分别需要各部分构件必须达到的燃烧性能和耐火时间。

笔者又将规范中其他涉及构件耐火时间的条文，汇总到了本表格中，方便读者查阅。其他专项规范如医院和博物馆规范，对各部分耐火时间都有更高的要求，由于其内容复杂且并不经常遇到，所以未将其纳入本表格。在进行相关设计时，还需读者自行查阅其专项规范。

从规范的意图来看，建筑的耐火等级越高，就要求构件耐火时间越长，这样对逃生施救越有利，所以其他防火要求如防火间距就会越低。这一逻辑虽有些拗口，但不难理解和掌握。

一般来说，建筑的耐火等级决定了该建筑的各构件所应达到的耐火时间。在设计中我们需要先根据项目情况确定其耐火等级，再根据耐火等级确定各部分构件的耐火时间。然后根据附录表格，选用能够达到所需耐火时间的构件材料的做法和尺寸。规范中各类建筑构件燃烧性能耐火极限在附录表格中已经表达得很清楚，无须再做整理，读者只需查阅原文表格即可。对于混凝土建筑，达到这些耐火时间相对容易，但对钢结构就会涉及防火涂料厚度的问题。

此外，根据既定建筑构件的耐火时间，也可以反过来确定既有建筑的耐火等级，确定耐火等级之后，在此基础上再进行建筑其他部分的防火设计，特别是改扩建项目、木结构项目。

构件的耐火时间（建5.1.2） **表18**

构件名称		建筑物的耐火等级			
		一级	二级	三级	四级
墙	防火墙	不	不	不	不
		3	3	3	3
	承重墙	不	不	不	难
		3	2.5	2	0.5
	非承重外墙	不	不	不	可
		1	1	0.5	
	楼梯间和前室的墙电梯井的墙住宅建筑单元之间的墙、分户墙	不	不	不	难
		2	2	1.5（汽2）	0.5
	疏散走道两侧的隔墙	不	不	不	难
		1	1	0.5	0.25
	房间隔墙	不	不	难	难
		0.75	0.5	0.5	0.25
柱		不	不	不	难
		3	2.5	2	0.5
梁		不	不	不	难
		2	1.5	1	0.5
楼板	不高于100m的民用建筑	不	不	不	可
		1.5	1	0.5	
	高度>100m的民用建筑（建5.1.4）	2			

续表

构件名称		建筑物的耐火等级			
		一级	二级	三级	四级
屋顶承重构件（上人平屋顶）（建 5.1.4）		不	不	可	可
		1.5	1	0.5	
疏散楼梯		不	不	不	可
		1.5	1	0.5（汽 1）	
吊顶	一般情况（包括吊顶格栅）	不	难	难	可
		0.25	0.25	0.15	
	一般情况		不燃时时间不限		
	内门厅 / 走道		应采用不燃材料		
	医疗建筑、中小学校教学建筑、老年人照料设施、幼儿园儿童用房、托儿所、儿童游乐厅等儿童活动场所			应不燃	
				难燃时应≥ 0.25h	
屋面板	包括金属夹芯板的芯材	不	不		
多层住宅	预应力钢筋混凝土楼板		不，且≥ 0.75		
非承重外墙	确需要采用金属夹芯板材时芯材采用 A 级不燃	不，且≥ 0.75	不，且≥ 0.5		
房间隔墙					
	房间面积＞ 100m²		难，且≥ 0.75		
	房间面积≤ 100m²		难，且≥ 0.5		
			不，且≥ 0.3		
建筑内预制钢筋混凝土构件的节点外露部位		应采取防火保护措施，且节点的耐火极限不应低于相应构件的耐火极限			
屋面防水层	屋面防水层宜采用不燃、难燃材料，当采用可燃防水材料且铺设在可燃、难燃保温材料上时，防水材料或可燃、难燃保温材料应采用不燃材料作防护层				

第六部分　规范附录

19. 建筑高度和层数计算

19. 建筑高度和层数计算

规范的三个附录，本汇总表只整理了与建筑设计有关的附录A中建筑高度和层数计算的内容，主要是归纳为四种情况：不同屋顶形式的高度计算、多台地标高的计算，以及颇为相似的不计高度与不计层数的两组规定（有着基本对应的三种情况）。

需要注意的是，防火规范高度的计算规则和城市规划部门计算建筑高度的规则并不相同，特别是涉及限高和日照计算时，需要特别留心。

建筑高度和层数计算 **表19**

<table>
<tr><th colspan="2">同一座建筑有多种形式的屋面时</th><th colspan="3">台阶式地坪</th><th colspan="3">可不计入建筑高度的情况</th></tr>
<tr><td colspan="2">建筑高度应按下面的方法分别计算后，取其中最大值</td><td colspan="3">（同时符合下面三个条件）可分别计算各自的建筑高度</td><td>局部凸出屋顶的辅助用房占屋面面积≤ 1/4 者</td><td colspan="2">对于住宅建筑</td></tr>
<tr><td>屋面为坡屋面时</td><td>屋面为平屋面时（包括有女儿墙的）</td><td rowspan="3">当位于不同高程地坪上的同一建筑之间有防火墙分隔</td><td rowspan="3">各自有符合规范规定的安全出口</td><td rowspan="3">可沿建筑的两个长边设置贯通式或尽头式消防车道时</td><td>瞭望塔、冷却塔、水箱间、微波天线间或设施、电梯机房、排风和排烟机房、楼梯出口小间等</td><td>设置在底部且室内高度≤ 2.2m 的自行车库、储藏室、敞开空间</td><td>室内外高差或建筑（半）地下室的顶板面高出室外设计地面的高度≤ 1.5m 的部分</td></tr>
<tr><td rowspan="3">建筑室外设计地面至其檐口与屋脊的平均高度</td><td rowspan="3">建筑室外设计地面至其屋面面层的高度</td><th colspan="3">可不计入建筑层数的情况</th></tr>
<tr><td>建筑屋顶上凸出的局部设备用房、出屋面的楼梯间等</td><td>设置在底部且室内高度≤ 2.2m 的自行车库、储藏室、敞开空间</td><td>室内外高差或建筑（半）地下室的顶板面高出室外设计地面的高度≤ 1.5m 的部分</td></tr>
<tr><td colspan="3">否则应按其中建筑高度最大者确定该建筑的建筑高度</td><td colspan="3">其他建筑层数应按建筑的自然层数计算</td></tr>
</table>

附录　防火设计自查表

使用说明：

为便于读者在设计工作中对防火规范进行内审校对，本手册针对六部分表格内容制作了相对应的总表格，内审校对时对照表格和图纸内容逐项确认，并将校核意见填入每条右侧空格中。有违反条文的在最右侧方框内勾选，以便汇总查看。

全部强制性条文均以红色字体标出，需重点核对。

建议复印或下载打印成纸质版本便于填写和存档。

有关消防验收规定可参考《建设工程消防验收评定规则》GA 836—2016。

防火设计自查表下载

<table>
<tr><td colspan="9">项目基本信息</td><td rowspan="4">违规项在此列勾选</td></tr>
<tr><td colspan="2">项目名称</td><td></td><td>楼名 / 编号</td><td colspan="5"></td></tr>
<tr><td colspan="2">项目地点</td><td></td><td>建设单位</td><td colspan="5"></td></tr>
<tr><td colspan="2">设计人</td><td></td><td>校对</td><td></td><td>项目负责人</td><td></td><td>内审日期</td><td></td></tr>
<tr><td colspan="9">第一部分　总平面</td><td>一</td></tr>
<tr><td rowspan="10">1</td><td colspan="8">建筑分类和耐火等级（本组全为填写类型）</td><td>1</td></tr>
<tr><td rowspan="6">1.1</td><td>建筑的防火分类</td><td colspan="7">根据建筑本身的特征确定防火分类</td></tr>
<tr><td rowspan="2">建筑基本数据</td><td>功能性质</td><td>□住宅</td><td colspan="5">□公建，类型为：</td></tr>
<tr><td>建筑高度</td><td></td><td>建筑层数</td><td></td><td>建筑面积</td><td colspan="2"></td></tr>
<tr><td rowspan="2">分类</td><td colspan="2">□一类高层</td><td colspan="2">□二类高层</td><td colspan="3">□单多层</td></tr>
<tr><td colspan="7">分类依据 / 备注：</td></tr>
<tr><td colspan="8"></td></tr>
<tr><td rowspan="3">1.2</td><td>建筑耐火等级的确定</td><td colspan="7">根据防火分类和其他特征确定最低耐火等级</td></tr>
<tr><td>地上部分耐火等级</td><td>□一级</td><td>□二级</td><td>□三级</td><td>□四级</td><td colspan="3">□其他：</td></tr>
<tr><td>等级确定依据</td><td colspan="7"></td></tr>
<tr><td rowspan="15">2</td><td colspan="7">防火间距</td><td rowspan="2" colspan="2">2</td></tr>
<tr><td rowspan="5">2.1</td><td>防火间距</td><td colspan="4">根据耐火等级和其他特征确定防火间距</td><td>校核意见</td></tr>
<tr><td rowspan="2">间距</td><td colspan="4">与周围建筑、停车场间距</td><td></td><td colspan="2">□</td></tr>
<tr><td colspan="4">如为 U 形、L 形、回形、天桥连廊，内部分区间距</td><td></td><td colspan="2">□</td></tr>
<tr><td rowspan="2">成组</td><td colspan="4">如为成组布置，功能、面积、高度和间距</td><td></td><td colspan="2">□</td></tr>
<tr><td colspan="4">如为农村建筑或其他情况</td><td></td><td colspan="2">□</td></tr>
<tr><td rowspan="3">2.2</td><td>防火间距缩减的情况</td><td colspan="4">可缩减防火间距的五种情况</td><td>校核意见</td><td colspan="2"></td></tr>
<tr><td rowspan="2"></td><td colspan="4">如有小开窗 + 不燃墙顶缩减 25%</td><td></td><td colspan="2">□</td></tr>
<tr><td colspan="4">如有对侧防火墙缩减间距的四种情况</td><td></td><td colspan="2">□</td></tr>
<tr><td rowspan="4">2.3</td><td>民用建筑与易燃建筑间距</td><td colspan="4">与厂房、仓库、变电、锅炉房等设施的间距</td><td>校核意见</td><td colspan="2"></td></tr>
<tr><td rowspan="3"></td><td colspan="4">与厂房、仓库、停车楼的间距</td><td></td><td colspan="2">□</td></tr>
<tr><td colspan="4">与变配电站、石油气建筑的间距</td><td></td><td colspan="2">□</td></tr>
<tr><td colspan="4">与其他危险、易燃易爆建筑的间距</td><td></td><td colspan="2">□</td></tr>
</table>

续表

3	消防车道和场地				3
	3.1	消防车道总图布置	总图交通中消防车道的布置要求	校核意见	
			是否需设并已设环形消防车道		□
			如有沿两个长边或一个长边设消防车道		□
			周边街区消防车道间距、半径、宽度		□
			如有建筑超长或内院超宽		□
			消防水源设置消防车道		□
	3.2	消防车道线路与救援场地	尺寸、坡度、半径等详细规定	校核意见	
		车道	消防车道宽度、净高、转弯半径、障碍物		□
			消防车道坡度、回车场		□
			消防车道地面承载力及其他问题		□
		救援场地	救援场地尺寸、位置、对楼梯间入口		□
			与建筑之间无障碍物和车库出入口		□
			地面荷载承受重型消防车		□
			场地与建筑的间距		□
			场地坡度及其他问题		□
第二部分　平面					二
4	防火分区				4
	4.1	防火分区划分	不同类型建筑空间的最大防火分区面积	校核意见	
		地上	主体建筑防火分区设置		□
			裙房部分防火分区设置		□
			如有自动灭火设施时		□
		地下	一般地下室的防火分区划分		□
			地下车库的防火分区		□
			地下设备用房的防火分区		□
			地下电动自行车库及其他情况		□
	4.2	跨层防火分区	中庭楼扶梯等空间的防火分隔措施	校核意见	
		跨层分区	跨层分区是否叠加计算面积		□
			自动扶梯是否封闭		□
			敞开楼梯是否符合要求		□
		中庭	各层中庭周围防火分隔		□
			中庭排烟设施是否达标		□
			高层建筑中庭回廊自动报警灭火设施		□
			中庭内不可有可燃物		□

续表

5	安全出口和疏散门				5
	5.1	安全出口和疏散门设置	两者的定义、区别和详细规定	校核意见	
			每层每个防火分区安全不少于 2 个		□
			相邻安全出口水平距离≥ 5m		□
			房间门—疏散走道—疏散楼梯间—对外出口体系		□
	5.2	公共建筑安全出口	每分区可只设 1 个安全出口的条件	校核意见	
		地上	层数、面积、人数符合只设 1 个出口		□
			顶层升高 2 层，只设 1 个出口		□
		地下	地下室设备分区≤ 200m², 只设 1 个出口		□
			地下室分区＜ 50m² 且少于 15 人，只设 1 个出口		□
			埋深≤ 10m 的地下室分区＜ 500m² 设竖向梯		□
	5.3	住宅安全出口	每分区可只设 1 个安全出口的条件	校核意见	
			单多层 =9 层及以下，只设 1 个出口		□
			二类高层 =10~18 层，1 个出口且通屋面相连		□
			一类高层 =19 层以上，全部设 2 个出口		□
	5.4	借用安全出口	借用出口、宽度和距离的详细规定	校核意见	
			≤ 1000m² 分区，1 个出口 +1 个借出口		□
			＞ 1000m² 分区，2 个出口且宽度够		□
			非四类汽车库至少 2 个出口		□
			办公部分不与人员密集场所共用出口		□
	5.5	公共建筑房间的疏散门数量	房间只设 1 个疏散门的条件要求	校核意见	
		老、幼、医、娱	娱乐 50m² 少于 15 人，1 门		□
			住宅单元式老年人设施且不多于 3 人，1 门		□
			幼、老 50m²/ 医 75m²，非尽端，1 门		□
		一般建筑	一般建筑 120m²，非尽端，1 门		□
			一般建筑 50m²/200m²，尽端，1 门		□
		地下	地下室设备间 200m²，1 门		□
			地下室其他房间 50m²，少于 15 人，1 门		□
		其他情况，每房间 2 个疏散门			□

续表

6	特殊功能平面				6
	6.1	住宅与其他功能合建	与商业服务网点、其他功能合建	校核意见	
		互相分隔	住宅与非住宅彻底分隔，双向防火分隔措施		□
			住宅与非住宅的出口、楼梯独立设置		□
			正确决定各部分按何种性质规范设计		□
		商业合建	商业网点分成≤ 300m^2 的分隔单元		□
			商业分隔单元的出口数量和疏散距离		□
		其他合建	地下车库楼梯间与住宅不共用或首层分隔		□
			非商业地下车库借用住宅疏散楼梯间		□
	6.2	人员密集场所	多种人员密集场所的规定汇总	校核意见	
		楼层位置	教学、食堂、菜场的层数或楼层位置		□
			会议、多功能厅的楼层位置和面积限制		□
		防火分区	商店营业厅、展览厅扩大防火分区的条件		□
			有餐饮场所时不能扩大且独立分隔		□
			商店内客货电梯设置的条件		□
		疏散	2 门大房间的内外最大疏散距离		□
			人员密集场所疏散宽度高于常规		□
			门槛和室外疏散通道		□
第三部分　详细平面					三
7	安全疏散距离				7
	7.1	走道的安全疏散距离	各种条件下走道、房间内的最大疏散距离	校核意见	
		走道距离	每个双出口走道的疏散距离不超规范		□
			每个袋形走道的疏散距离不超规范		□
		首层出口	首层扩大前室、楼梯间合规且不超 30m		□
			首层未扩大时出口不超 15m		□
		地库	地下车库不超 45/60m		□
	7.2	房间内的安全疏散距离	各种条件下走道、房间内的最大疏散距离	校核意见	
			每个房间内疏散距离不超规范		□

续表

8	疏散宽度和人数				8
	8.1	最小疏散宽度	根据类型确定最小宽度	校核意见	
			所有疏散门、安全出口，最小净宽合规		□
			所有单、双面疏散走道，最小宽度合规		□
			所有疏散楼梯，最小宽度合规		□
			所有首层楼梯间门、疏散外门，最小宽度合规		□
			疏散门—走道—楼梯—外门宽度匹配		□
	8.2	百人疏散宽度	根据类型和情况确定百人宽度	校核意见	
			在计算表中正确选择各层（区）的百人宽度		□
			图纸上，每层标明百人疏散宽度指标		□
	8.3	疏散人员密度	各种功能类型和情况的人员密度标准	校核意见	
		图纸表格	按规范形成每层每分区的疏散人数、宽度计算表		□
			图纸上，每个房间标明人数、面积、人员密度		□
		宽度计算	每个房间门疏散宽度满足规范：人数 x 百人宽度		□
			每个走道宽度满足计算表		□
			每个分区楼梯间总疏散宽度满足计算表		□
			首层外门总净宽按人数最多层确定		□
9	疏散楼梯间				9
	9.1	疏散楼梯间、消防电梯的选择	正确选择楼梯间类型及消防电梯	校核意见	
		三种楼梯间	各敞开楼梯间设置合规		□
			各封闭楼梯间设置合规		□
			各自然排烟的防烟楼梯间设置合规		□
			各机械排烟的防烟楼梯间合规		□
		其他	各剪刀楼梯间的设置合规		□
			各消防电梯的设置合规		□
			单独、共用、合用前室设置合规		□
	9.2	各类楼梯间的规定	四种楼梯间、消防电梯、各种前室的规定	校核意见	
		楼梯间	敞开楼梯间符合通风、采光要求		□
			封闭楼梯间符合通风、采光、防烟要求		□
			防烟楼梯间符合通风、采光、防烟要求		□

续表

9	9.2	技术要求	管道穿过和开口开门要求		□
			消防电梯及其前室的技术要求		□
			扩大前室、楼梯间的技术要求		□
		前室	四种前室的面积、尺寸要求		□
			前室的防烟排烟要求		□
10	其他疏散组件				10
	10.1	疏散楼梯、电梯	疏散梯、电梯、消防电梯的详细规定	校核意见	
		疏散梯	室外疏散梯墙面要求		□
			室外疏散梯开门要求		□
			室外疏散梯尺寸要求		□
			室内疏散梯的尺寸要求		□
		电梯	消防电梯的技术要求		□
			电梯厅设置要求		□
			电梯井开洞和管线要求		□
	10.2	疏散门窗、阳台、避难间	疏散门窗、阳台、救援窗、住宅避难间的规定	校核意见	
		疏散门	所有疏散门开启方向合规		□
			疏散门选择、门禁要求		□
			疏散门不影响走道、楼梯有效宽度		□
		救援窗	消防救援窗位置要求		□
			消防救援窗尺寸和其他要求		□
		其他	安全出口的防护挑檐设置		□
			门窗、阳台的栅栏和逃生要求		□
			一类高层住宅避难间的技术要求		□
11	屋顶和立面防火分隔				11
		屋顶和立面防火分隔	屋顶和立面上防火隔离构件的详细规定	校核意见	
		垂直方向	外墙垂直方向，分层墙高度、防火挑檐		□
			玻璃幕墙每层楼板处防火分隔 / 封堵		□
		水平方向	外墙分区处，实墙水平宽度、门窗水平间距		□
			住宅分户墙宽度 / 凸出隔板、门窗水平间距		□
		屋顶	屋顶分区处防火墙凸出、天窗间距		□
			屋顶开口与邻近建筑间距、防火措施		□

续表

第四部分 特殊类型					四
12	特殊公共建筑				12
	12.1	娱乐场所	涉及本类型的本条校核	校核意见	
		位置	所在楼层、位置、分隔、出入口、房间面积合规		□
			与其他部分防火分隔		□
		疏散	人员密度和百人宽度合规		□
			房间疏散门数量合规		□
	12.2	观演建筑	涉及本类型的本条校核	校核意见	
			所在楼层、位置、分隔、出入口、房间面积合规		□
			疏散门个数和每门人数合规		□
			走道宽度合规		□
			不同规模地面位置的百人净宽合规		□
			观众席行列数量合规		□
	12.3	老年人照料设施	涉及本类型的本条校核	校核意见	
			所在楼层、位置、分隔、出入口、房间面积合规		□
			安全出口、疏散门数量合规		□
			避难设施设置合规		□
	12.4	儿童场所	涉及本类型的本条校核	校核意见	
			所在楼层、位置、分隔、出入口、房间面积合规		□
			安全出口、疏散门数量合规		□
	12.5	医疗建筑	涉及本类型的本条校核	校核意见	
			所在楼层、位置、分隔、出入口、房间面积合规		□
			避难设施设置合规		□
			手术部和高层门诊大厅防火防区扩大限度		□
			安全出口、疏散门数量合规		□

续表

12	12.6	有顶步行街	平面、竖向、排烟、疏散、机电等详细规定	校核意见	
			商铺面积、分隔、间距合规		□
			街内、楼上、商铺内疏散距离、宽度、门数合规		□
			立面水平、垂直实体墙，挑檐合规		□
			两端和顶棚排烟口合规		□
			街内消火栓、自动报警灭火、疏散标识合规		□
	12.7	超大面积地下商店	划为小于 2 万 m^2 分区的五种防火分隔措施	校核意见	
		防火墙	分区防火墙合规		□
		下沉广场	下沉广场需能防止相邻区域火灾蔓延		□
			下沉广场面积和距离要求		□
			下沉广场通往地面的疏散楼梯的数量和宽度		□
			下沉广场防风雨篷开口要求		□
		防火隔间	防火隔间使用防火隔墙分隔		□
			防火隔间的面积要求		□
			防火隔间上不同防火分区的门间距要求		□
		避难走道	避难走道的前室设置和出口数量要求		□
			避难走道的疏散走道宽度、距离要求		□
		防烟楼梯间	采用防烟楼梯间分隔时用甲级防火门		□
13	特殊机房				13
	13.1	低风险机房	三种常见消防用机房的详细规定	校核意见	
			水泵房位置埋深要求		□
			水泵房和消防控制室必须采取防水淹措施		□
			消防控制室的位置要求		□
			防烟排烟风机房的合用设置		□
			农村建筑应设置消防水源		□

续表

13	13.2	高风险机房	三类高火灾风险机房的详细规定	校核意见	
		可以布置	柴油发电机房的位置、分隔、消防设备要求		□
			高层建筑燃气房间位置要求		□
		不宜布置	锅炉、变压器等设备的位置、分隔、出口、灭火要求		□
		不应布置在内	甲、乙类危险品		□
			丙类液体燃料罐		□
			生产车间库房		□
			液化石油气瓶组间		□
第五部分　防火构造					五
14	构件耐火等级				14
	14.1	建筑内部	不同功能、空间主要构件的耐火等级要求	校核意见	
		分区	防火分区、防火墙的门窗墙板		□
			建筑中庭分隔措施		□
			设备用房的门窗墙板		□
		疏散	三种疏散楼、电梯间竖井的门窗墙板		□
			室外疏散梯的门窗、墙板等		□
			消防电梯的门窗、墙板		□
			剪刀梯的墙板等		□
		立面	立面防火构件		□
		其他	附属用房的门窗、墙板等		□
			车库坡道的门窗、墙板等耐火等级		□
			避难走道和防火隔间的门窗、墙板等		□
			舞台的门窗、墙板等		□
	14.2	各类建筑	特殊类型建筑主要构件的耐火等级要求	校核意见	
		住宅	住宅建筑的门窗、墙板等		□
			与住宅合建的商业等的隔墙		□
		特殊类型	地下商店分区分隔的、墙板等		□
			有顶步行街的门窗、墙板等		□
			娱乐建筑的门窗、墙板等		□
			观演建筑的门窗、墙板等		□
			老、幼、医建筑的门、窗墙板等		□

续表

15	保温防火构造				15
	15.1	外保温	外保温材料的类型、燃烧等级、防火构造	校核意见	
			有人员密集场所的建筑的外保温为 A		□
			住宅建筑的外保温材料		□
			幕墙外保温的保温材料		□
			门窗、隔离带、保护层构造要求		□
	15.2	内保温、夹芯保温和其他	其他保温材料的类型、燃烧等级、防火构造	校核意见	
		内保温	人员密集场所的内保温材料为 A		□
			火灾危险房间的内保温材料为 A		□
			疏散避难设施场所的内保温、装修材料为 A		□
			其他场所的内保温材料的要求		□
		其他	屋面外保温的材料和构造		□
			夹芯保温的材料和构造		□
			外墙装饰层的材料和构造		□
16	防烟排烟和防火设备				16
	16.1	防烟排烟设施	需要设置防排烟设施的空间	校核意见	
		楼梯间	楼梯间和前室的自然排烟要求		□
			楼梯间和前室的机械排烟要求		□
			剪刀梯、避难设施的排烟要求		□
		房间	公共建筑房间的排烟设施要求		□
			地下房间的排烟设施要求		□
			汽车库的排烟设施要求		□
		立面	防烟、封闭楼梯间的立面开窗要求		□
	16.2	防火机电设备	自动报警、灭火、水幕、消火栓等机电设备	校核意见	
		水源	室外消火栓		□
			室内消火栓		□
			消防软管、轻便水龙		□
		自动系统	火灾报警系统		□
			自动灭火系统		□
			水幕、水炮、气体等特殊系统		□
			消防应急照明和疏散标识		□

续表

17	主要防火构件				
	17.1	管线和边界	管线井道穿越防火墙、变形缝等边界的规定	校核意见	
		墙体	防火墙构造要求		□
			防火墙不可被危险管道穿过		□
			其他管道穿防火墙		□
			防火隔墙构造要求		□
		管线	变形缝构造、管线穿过时要求		□
			暖通管道穿各种墙的防火措施		□
			暖通设备系统分区布局		□
			电梯井、管道井等的防火设置		□
			垃圾道的防火设置		□
			管线穿保温材料的要求		□
	17.2	防火卷帘、防火门窗、天桥、栈桥、管沟	防火卷帘、门窗、天桥、栈桥、管沟的规定	校核意见	17
		门窗卷帘	防火卷帘构造要求		□
			防火门构造要求		□
			防火窗构造要求		□
		天桥、管沟	天桥构造要求		□
			栈桥构造要求		□
			危险品栈桥不作疏散用		□
			管沟构造要求		□
18	构件的耐火时间				18
		构件的耐火时间	耐火等级对构件耐火时间的要求	校核意见	
		根据附表确定主要结构和构件的耐火时间	上人平屋顶耐火等级合规		□
			一般建筑的主要构件耐火时间合规		□
			特殊建筑类型查阅专项规范确定耐火时间		□
第六部分 规范附录					六
19	建筑高度和层数计算				19
		建筑高度和层数计算	建筑高度计算和不计高度、层数的详细规定	校核意见	
		高度	多种屋面时正确计算最大高度		□
			台阶式地坪时正确计算高度		□
		不计高度	不计高度部分符合规定		□
			不计层数部分符合规定		□

后 记

十多年前，我刚刚毕业参加工作，就在工作导师范亚树先生的指导下开始学习建筑设计防火规范，并产生了整理规范的想法。近年来，结合日常设计和团队培训，我才正式开始了防火规范的整理工作。2019年底，经过公司诸位同事的共同努力，完成了第一版的规范汇总表，并公布在网上，也获得不少同行的赞誉。后来收到老同学刘静编辑的邀请，希望对此表格进行进一步整理提升，以便正式出版。但随后遇到了新冠肺炎疫情，这件事也就耽搁了下来。直到一年多以后，我才重新着手修改和提升。希望这些成果出版后，能为行业和社会贡献一分力量，让行业发展得更好。

这一套速查手册，目的在于一劳永逸地解决“新手快速学习理解”和“老手日常便捷查阅”两大问题。

我希望能从此改变防火规范的打开方式。

翻看防火规范全本，不过寥寥几百页，正文更是短小，虽然全面周详但复杂零碎，所以说，整理规范的工作天然是能够成功的，对这本规范最便捷高效的表达方式，也必然存在。

但如何具体提炼重组，把它内在的逻辑性和关键要点逐条逐款、完整地以最清晰、最高效的方式呈现出来，则是一件劳心劳力且不讨好的事情。只是，既然至今还没有人做，那就当仁不让，我自己上，作为公司质量管理和技术培训的一部分，也为行业贡献一点绵薄之力。

目前这个版本，比起之前网上发布的版本，做了非常大的提升，其工作量接近于上一轮的全部工作，特别是对于强制性条文做了完整标示，并筛查了十多本相关规范，将其中较重要的部分汇总到了本手册中，而且还对全部表格作了新一轮的深入调整和优化。大体上，我想已经达到了最初的编写目的：按照建筑设计的流程方法，重组规范内容，并最大可能地提炼内在逻辑，合并同类项，进而将其内容条理化、格式化，形成最简洁清晰的表格。

那个最优的表达方式，我想基本找到了。

当然随着规范必然的版本更新，我还会继续更新这套手册，也希望能吸取大家的意见，使这项工作优化得更好。

防火规范从来不是一个讨喜的存在，在多年以来的实践和改版中也饱受争议，这是一个不争的事实。但作为一名普通人和负责任的职业建筑师，我不得不承认，纵然规范编写有诸般不足，防火规范内在的基本方法和逻辑仍然是正确合理的，也是经过大量实践考验证明是切实有效可行的。甚至在当前的社会建设条件下，它可能还是我们行业体系所能取得的最好的结果。

可以说，防火规范是所有建筑规范里最重要的“天条”。

所以我们仍然应该认真学习、执行好这本规范。哪怕以后条文还会改，但规范的方法和精神会延续下去，而且随着社会发展，可能会更复杂、更难执行，也需要我们更努力、更有技巧地理解、学习和执行。

知法、学法、守法，是义务也是责任，更是行业生存发展的基础。

其实在规范之外，整个建筑设计行业，还有大量基础性的工作要做，规范的整理、提炼只是一个开始。

纵然有那么多“高大上”、玄妙高深的内容，建筑学还是要从基础的点滴技术做起，夯实专业基础，重铸专业共识。在这一点上，建筑学做得远不如其他一些学科，诸如数学、物理，甚至经济学和考古学。今天建筑学的专业状况，有堕入玄学陷阱的危险，甚至可以说千疮百孔、百废待兴。所以我还会继续推进更多的行业知识整理和培训教程编写的工作，让行业和社会变得更好。

从2019年3月开始发动公司的同事们着手这项工作，到年底发布第一版，再到疫情后我独自进行修改提升，转眼已经两年多过去。如果从我2008年参加工作初次学习规范开始，已经是整整十二年一个轮回，规范本身从两本变成一本又多次改版，而且马上面临2019版的更新（大概也是被疫情拖后了吧），我也终于完成了整理、出版《建筑设计防火规范速查手册》的夙愿。

在此要感谢初版参编同事的辛勤工作，他们对本书的最初成型功不可没。

特别要感谢当年带我入门的范亚树先生，他对规范和施工图设计的讲解使我受益终身。

感谢我的妻子刘佳，是她的支持让我能在这两年中抽出时间完成这项极为耗费精力和耐心的工作。

最后，感谢每一位读者的关注，希望大家在使用中提出宝贵意见，帮我们继续校核和优化，把这项工作长期、持续地做得更好。

袁牧

2019年11月18日初稿

2021年7月9日二稿

于南京